Klaus Erler

Alte Holzbauwerke

Beurteilen und Sanieren

mit 90 Farbfotos des Autors
und 41 Zeichnungen von Inge Erler

Verlag für Bauwesen Berlin · München

Die Deutsche Bibliothek – CIP-Einheitsaufnahme

Erler, Klaus:
Alte Holzbauwerke : beurteilen und sanieren / Klaus Erler. Mit 90 Farbfotos des Autors und 41 Zeichnungen von Inge Erler. – 1. Aufl. – Berlin ; München : Verl. für Bauwesen, 1993
ISBN 3-345-00548-4

ISBN 3-345-00548-4

1. Auflage

Am Friedrichshain 22, 10407 Berlin
Printed in Germany
Druckerei: Druckhaus „Thomas Müntzer" GmbH, Bad Langensalza
Lektorat: Dipl.-Ing. *Barbara Roesler*
Herstellung: *Hans-Peter Krämer*
Einbandgestaltung: *Christine Bernitz*

Vorwort

Die Beurteilung des Bauzustandes und der Tragfähigkeit alter Holzkonstruktionen sowie deren Sanierung beschreibt ein umfangreiches Teilgebiet im Rahmen der Erhaltung von Altbausubstanz.

Zur Vertiefung der Kenntnisse auf diesen Gebieten unter Auswertung langjähriger Erfahrungen möchte das vorliegende Buch einen Beitrag leisten.

Schadensbeurteilung, Untersuchungsmethoden, Tragfähigkeits-Erhöhungen, Holzschutz und Brandschutz sind wesentliche Stichpunkte des Inhaltes.

Zusätzliche Probleme im Falle denkmalgeschützter Bauwerke werden mehrfach behandelt.

Auf häufig anzutreffende Holzkonstruktionen wie Balkendecken, Dächer und Fachwerkhäuser wird speziell eingegangen.

Der Autor widmet dieses Buch seiner Frau, die als Bauingenieur und langjährige Arbeitsgefährtin im Holzbau viele Aufgaben löste.

Herzlicher Dank gebührt der engagierten Lektorin des Verlages, Frau Dipl.-Ing. *Roesler*, sowie dem Verlag, der diese Ausgabe in farbiger Fassung realisierte.

Klaus Erler

Inhaltsverzeichnis

1. Holz in alten Bauwerken

Holz in Bauwerken ist ein vielfältig einsetzbares Material und bei fachgerechtem Einbau sowie „guter Behandlung" viele Jahrhunderte haltbar und tragfähig.
Im folgenden werden dazu einige Beispiele dargestellt und Hinweise zur bauhistorischen Einordnung alter Holzkonstruktionen gegeben.
Es wird dabei etwa mit dem 10. Jahrhundert unserer Zeitrechnung begonnen, wohl wissend, daß auch weit ältere, intakte Holzbauteile bei Ausgrabungen gefunden wurden.
Das Holz war bis in das 19. Jahrhundert ein leicht beschaffbarer und vor allem druck-, zug- und biegefester Baustoff, der für die verschiedensten Konstruktionen am Bau eingesetzt wurde.

Als Beispiel für Holzbauten um 1000 unserer Zeitrechnung soll eine der slawischen Siedlungen im norddeutschen Raum dienen: Die slawische Siedlung mit Fluchtburg in Groß-Raden am Sternberger See unweit von Schwerin.
Nahezu alle tragenden und raumbildenden Bauteile bestanden aus Holz. Es wurden Hütten, ein Haustempel und vor allem Brücken, Wehrtürme und Palisaden auf einem kreisförmigen Wall im See vorrangig aus Eichenholz errichtet. Zahlreiche Holzfunde wurden bei Grabungen gemacht, die eine weitgehend lückenlose Rekonstruktion der Anlage ermöglichten (Bilder 1.1.; 1.2.).
Das unter Wasser liegende Eichenholz war gut erhalten, auch etwa 3 m lange Bohlen oder Wandpalisaden mit Schmuckköpfen. Die häufigsten Holzverbindungen sind hier Steck- und Keilverbindungen.

Ein historisch kleiner Schritt soll zu den ersten noch erhaltenen **Fachwerkhäusern** in Mitteleuropa aus dem **13./14. Jahrhundert** führen.
Die ältesten bisher festgestellten Fachwerkhäuser stehen in Limburg an der Lahn (1296) und in Esslingen (1267). Das älteste nachgewiesene Holzhaus im Harzgebiet ist das um 1330 errichtete originelle Ständerhaus Wordgasse 3 in Quedlinburg (Bild 1.3.). Hier sind noch die Zapfenschlösser erhalten, wobei die Deckenbalken durch die Ständer „geschossen" und mit Keilen gesichert sind.
Aus dem 14. Jahrhundert ist bereits eine größere Anzahl Fachwerkhäuser bis heute erhalten, vor allem in Hessen und Franken. Dies unterstreicht die große Haltbarkeit des Holzes, welches hier unter Last und bei Bewitterung an die 700 Jahre standgehalten hat!
Über Fachwerkhäuser gibt es inzwischen eine umfangreiche Literatur, vorrangig über deren Architektur und regionale Besonderheiten, z. B. [1.1., 1.2., 1.3., 1.4.].

Bild 1.1. Slawische Siedlung Groß-Raden bei Schwerin, 10. Jahrh. u. Z.; Rekonstruktion Wehrturm mit Wall und Brücke, Aufn. 1989.

Bild 1.2. Palisaden aus Eichenholz mit profilierten Köpfen; Fundstücke Siedlung Groß-Raden, 10. Jahrhundert u. Z.

Bild 1.3. Ständerhaus in Quedlinburg, Wordgasse 3; um 1330.

Eine Bauwerksart, die besonders exponiert ist, sind **Brücken** über Wasserläufe. Und auch hier haben sich Holzkonstruktionen über Jahrhunderte erhalten, wie Brücken aus dem 17. und 18. Jahrhundert in der Schweiz und in Deutschland belegen.
Bild 1.4. zeigt die Tragkonstruktion einer überdachten Holzbrücke in Schwarzenberg, Erzgebirge, aus dem Jahre 1732. Durch dreifache Hängewerke mit 17 m Spannweite wurden die Lasten auf die Widerlager übertragen. Die Querträger, die die Fahrbahn aufnehmen, sind durch die Hängesäulen gesteckt und mit Eisenlaschen gesichert. Die Längsträger und einige Knotenpunkte waren durch Braunfäule zerstört. Die Ausführung nach der Sanierung demonstriert Bild 8.2.

Ein Beispiel aus dem **20. Jahrhundert** für eine Holzbauweise, die inzwischen schon „historisch" genannt werden kann, ist die Lamellen-Dach-Konstruktion des Merseburger Baumeisters **Zollinger.** Zwischen 1920 und 1940 wurden zahl-

Bild 1.4. Überdachte Holzbrücke in Schwarzenberg/Erzgebirge; Hängewerk-Konstruktion von 1732.

Bild 1.5. Hallendach in Zollinger-Lamellen-Bauweise; Zoologischer Garten Leipzig, Baujahr 1926.

reiche Wohnhäuser und Hallen in dieser rationellen und attraktiven Bauweise erbaut (Bild 1.5.).

1.1. Merkmale zur bauhistorischen Einordnung

Der Gesichtspunkt der Baustile und die regionalen Besonderheiten werden hier nicht behandelt. Es kann auf eine umfangreiche Literatur bzw. das Konsultieren von Fachleuten der Denkmalpflege verwiesen werden.
Im folgenden werden Anhaltspunkte zur historischen Einordnung von Holzkonstruktionen nach verschiedenen technischen Gesichtspunkten aufgeführt.
Aufgrund der zeitlichen Übergänge und der regionalen Unterschiede können die genannten Jahreszahlen nur grobe Angaben sein.

1.1.1. Bearbeitungsmerkmale

Als Kennzeichen der Holzoberflächen ist zu unterscheiden

- handbebeilt
- handgesägt
- maschinegesägt
  - Kreissäge
  - Gatter.

Die Unregelmäßigkeiten der **Bebeilung** sind gut zu erkennen.
Fachwerkhölzer, besonders Eiche, wurden noch bis ins 19. Jahrhundert bebeilt. Das Holz ist dabei sogar widerstandsfähiger, da weniger Fasern direkt zerschnitten werden.
Beim **Handsägen** können gerade oder leicht schräge Absätze nur bei genauer Prüfung erkannt werden.
Sägemühlen mit Wasser- oder Windantrieb gab es bereits im 17. Jahrhundert! Das erste Sägewerk mit einer Dampfmaschine ging 1842 in Betrieb.

Als Tücke von Bauwerken, die eine lange Baugeschichte hinter sich haben, kann sich erweisen, daß Hölzer aus anderen, älteren Gebäuden eingebaut wurden oder durch spätere Umbauten jüngeres Holz hinzugefügt wurde.

1.1.2. Verbindungstechniken

Hier sind Abgrenzungen nach Jahreszahlen nicht genau möglich, außer bei neueren Verbindungsmitteln des 20. Jahrhunderts.
Einige Feststellungen geben dem Beurteilenden von historischen Holzkonstruktionen Hinweise für eine Datierung:

Bild 1.6. Schwalbenschwanz-Verblattung um 1600 (Fruchtkasten von Schloß Hellenstein).

Überblattungen
insbesondere in Schwalbenschwanzform, sind meist sehr alte Verbindungen, ihre Hauptanwendung reichte etwa bis um 1600.

Schwalbenschwanz-Verblattungen
von Kopfbändern an Stützen wurden in Württemberg bereits 1568 verboten [1.5], offensichtlich wegen der erheblichen Schwächung des Stützenquerschnittes. Auch neuere Untersuchungen zeigen erhebliche Mängel dieser Verbindungsart. Es kann z. B. keine Zugbeanspruchung aufgenommen werden, und es entstehen oft großer Schlupf und damit Verschiebungen durch Schwinden sowie Spaltrisse. Das Bild 1.6. zeigt eine Schwalbenschwanzverblattung um 1600.

Einzapfungen
sind bei Stielen in Schwelle und Rähm schon früh angewendet worden, bei Kopfbändern allerdings meist erst nach 1600.

Bild 1.7. Anschluß von Streben an eine Hängesäule mit Rückversatz (Kapelle in Merseburg, Baujahr 1613).

Versätze

zum Anschluß schräger Druckstäbe treten in verschiedenen Formen schon im Mittelalter auf und können durch die Art ihrer Lagesicherung (Bolzen, Nägel etc.) eingeordnet werden.
Bild 1.7. zeigt Rückversätze, mit denen Streben in eine Hängesäule eines Dachstuhles von 1613 eingreifen.

Holznägel

wurden fast ausschließlich aus behauenem Eichenholz hergestellt. Nur in früherer Zeit – etwa bis zum 14. Jahrhundert – wurden Holznägel als zugbelastete Verbindungen eingesetzt. Später dienten sie der Fügung und Lagesicherung. Ausnahmen kommen auch später vor, wie beim achtgeschossigen Knochenhaueramtshaus in Hildesheim aus dem Jahre 1529, wo großformatige Holznägel zur Kraftübertragung verwendet wurden.

Eisen- bzw. Stahl-Nägel

Schmiedeeiserne Nägel, vierkantig, mit angeschlagenem Stauch- oder Hufnagelkopf wurden bereits hergestellt, als die ersten noch erhaltenen Holzbauten ent-

Bild 1.8. Eisen-Lasche beim Längsstoß einer Schwelle, um 1650.

standen. Häufiger eingesetzt wurden sie etwa ab 1700. Glatte Rundnägel, sogenannte Drahtstifte, wurden erstmalig 1832 in Paris gefertigt.

Eisen-Laschen
waren bei Längsstößen, Abhängungen u. ä. erforderlich, da die Zimmermanns-Konstruktionen außer dem Hakenblatt keine zugaufnehmende Verbindungen hatten. Bild 1.8. zeigt eine derartige Verbindung, auch Stoßschiene genannt.

1.1.3. Konstruktionssysteme

Dachkonstruktionen sind in den Anfängen des Hausbaues **einfache Gespärre,** bei größeren Spannweiten mit einem Kehlriegel ausgesteift.
Dann werden **liegende Stühle** mit Mittelpfetten über einen langen Zeitraum eingebaut, die zusammen mit Kopfbändern eine gute Queraussteifung und einen freien Dachraum ermöglichen. Diese sind auch Grundlage bei den ab 1700 häufigen **Mansarddächern.**

Stehende Stühle
bei denen die Stiele senkrecht stehen, wurden verstärkt erst ab etwa 1780 angewendet. Das war u. a. dadurch bedingt, daß nach dem Siebenjährigen Krieg (1756 – 1763) Holzknappheit in Mitteleuropa herrschte und liegende Stühle einen hohen Holzverbrauch aufweisen.

Hängewerke und Hänge-Sprengwerke
dienen schon seit dem 15. Jahrhundert als Tragwerke bei größeren Spannweiten bzw. zur Aufnahme großer Lasten. Es sind interessante und zimmermannsgerechte Konstruktionen. Die große „statische Höhe", die günstigen Versatz-Anschlüsse der Druckstreben und die durchgehenden Zugbalken sicherten eine weite Verbreitung. Schwachpunkte waren hier anfangs die Anhängung der Deckenbalken an die Hängesäulen. Die Verbindung mit Eisenbändern und meist nur zwei Bolzen waren fast immer zu gering dimensioniert. Die Sicherung der Bolzen erfolgte mit Splint. Splinte als Verbindungsmittel finden sich vom 16. Jahrhundert an.

Bohlenbinder
in Bogenform zählen zu den ersten „ingenieurmäßigen" Holzkonstruktionen. Dabei wurden einfache, immer wiederkehrende Bauteile (Bohlen, Nägel, Bolzen) verwendet, die Kosten reduziert und größere Spannweiten erzielt. Die ersten derartigen Überdachungen führte *Philipp de l'Orme* 1561 aus, eine weite Verbreitung in Deutschland fanden sie durch *David Gilly* (1748 – 1808).

Hallenartige Konstruktionen
in Zimmermannsbauart sind bereits seit dem Mittelalter bekannt, und es setzten sich, meist zeitlich begrenzt, bestimmte Lösungen durch.
Verzimmerte Fachwerke wurden allerdings in jeder Zeit ausgeführt. Es werden einige typische Formen aufgeführt:

- Bogenförmige Bohlenbinder, bis etwa 1850
- Sogenannter „Stephan-Bogen" seit 1895
- Verleimte Holzquerschnitte nach Hetzer, ab 1906
- Zollinger-Lamellen-Bauweise, 1920 bis 1940.

Bei den genannten Konstruktionen sind oft die Verbindungsmittel die „neuralgischen" Punkte.
Einige ausgewählte und noch heute anzutreffende Konstruktionsarten für hallenartige Bauwerke mit ihrer zeitlichen Einordnung zeigt Tafel 6.2. auf Seite 132.

1.2. Erhaltung von Baudenkmalen

Die Aufgaben, die bei der Erhaltung von unter Denkmalschutz stehenden Baukonstruktionen zu lösen sind, haben immer einen komplexen Charakter.
Die häufig anzutreffende Diskrepanz: *Was kann das alte Bauwerk noch verkraften und wie können die Wünsche des neuen Nutzers erfüllt werden (?)*, erfordert Einfühlungsvermögen, die Kenntnis der alten und neuen technischen Möglichkeiten und zudem Erfahrung.
Auseinandersetzungen zwischen Denkmalpfleger, Architekt, Bauingenieur und Bauherr sind nahezu zwangsläufig. Leider mangelt es oft an Einsicht zur Akzeptanz vorhandener Situationen bzw. des Schädigungsgrades, der Resttragfähig-

keiten usw. Und nicht zuletzt ist der Gesamtaufwand auch im Hinblick auf das Ergebnis zu werten. Nicht jeder zerfressene Holzbalken ist erhaltenswert! Natürlich ist bei Baudenkmalen erstes Gebot, möglichst viel zu erhalten.
Bei geschädigten oder für die Neu-Nutzung nicht ausreichend tragfähigen Holzkonstruktionen gibt es für die Instandsetzung oder Tragfähigkeitserhöhung drei prinzipielle Möglichkeiten:

1. Einbau neuer Holz-Bauteile oder -Konstruktionen
2. Teilersatz mit Holz und zimmermannsmäßige Anschlüsse
3. Teilersatz oder Tragfähigkeiterhöhung durch artfremde Baumaterialien bzw. eine Kombination.

Ein typisches Beispiel für die 1. Methode zeigt Bild 1.9. mit dem Ersatz eines verfaulten, profilierten Riegels an einem Fachwerkhaus durch ein neues Holzteil.

Ein Streitpunkt ist oft der, ob artfremde Baumaterialien oder neue Verstärkungen eingesetzt werden dürfen.
Zunächst sollte man versuchen, zimmermannsmäßig und möglichst mit Altholz die alte Konstruktion wieder nutzungsfähig auszubilden. Doch häufig ist dies nicht ausreichend oder zu aufwendig. In diesen Fällen sollten neue, erfolgreiche Lösungen im Interesse des Erhalts des Bauwerkes und der neuen Nutzung akzeptiert werden.

Bild 1.9. Ersatz eines verfaulten Schwellenholzes an einem Fachwerkhaus durch ein neues Holzteil.

Die Akzeptanz für ein solches Vorgehen selbst durch die internationale Denkmalschutzorganisation ICOMOS wird deutlich in der **Charta von Venedig** (1964). Dort wird formuliert:

in Artikel 9:
Wenn es aus ästhetischen oder technischen Gründen notwendig ist, etwas wiederherzustellen, von dem man nicht weiß, wie es ausgesehen hat, wird sich das ergänzende Werk von der bestehenden Komposition abheben und den Stempel unserer Zeit tragen.

Artikel 10:
Wenn sich die traditionellen Techniken als unzureichend erweisen, können zur Sicherung eines Denkmals alle modernen Konservierungs- und Konstruktionstechniken herangezogen werden, deren Wirksamkeit wissenschaftlich nachgewiesen und durch praktische Erfahrung erprobt ist.

Artikel 12:
Die Elemente, welche fehlende Teile ersetzen sollen, müssen sich dem Ganzen harmonisch einfügen und vom Originalbestand unterscheidbar sein, damit die Restaurierung den Wert des Denkmals als Kunst- und Geschichtsdokument nicht verfälscht.

Bild 1.10. Verstärkung der Abhängung an einer Hängesäule mit Stahlblech und Schrauben.

Bild 1.11. Säulen eines Pavillons aus Eichenholz.
a.) Ersatz der verfaulten Stützenfüße durch Polymerbeton;
b.) Ansicht des Pavillons nach neuer Farbgebung.

Bild 1.12. Neue Abfangung und dadurch Sicherung der Kuppel mit Rundstählen in der Abtei Neresheim.

Die Bilder 1.10. bis 1.12. stehen für einige Beispiele, bei denen erhebliche Tragkrafterhöhungen von Bauteilen oder Verbindungen notwendig wurden. Daß diese Ausführungen manchmal noch besser gestaltet werden könnten, steht außer Frage.

Bild 1.10. zeigt den verstärkten Anschluß einer Hängesäule mit Stahllaschen und Dübeln an den Streckbalken in der Geschoßdecke. Die alte Eisenlasche ist nach heutigen Vorschriften und angesichts der beabsichtigten Umnutzung nicht mehr ausreichend.

Die Bilder 1.11. zeigen die Sanierung eines denkmalgeschützten Pavillons. Die Fußbereiche der Stützen aus Eiche waren durch Braunfäule und Nagekäfer weitgehend zerstört. Die Form des Fußes sollte erhalten bleiben – und damit bliebe auch die weitere Gefährdung durch Feuchte und die Aussicht auf erneute Zerstörung, sofern weiterhin Holz eingesetzt werden würde. Hier wurde Polymerbeton, der feuchteresistent ist, eingebracht, der beide Forderungen, Formerhalt und Verhinderung einer erneuten Schädigung, erfüllt.

Bild 1.11. ist außerdem ein Beispiel dafür, wie artfremde Materialien in gleicher Form eingefügt werden können. Und hier wäre es auch unsinnig gewesen, den neuen Stützenfuß anders zu färben oder „vom Originalbestand unterscheidbar" zu machen.

Jeder Fall ist in dieser Hinsicht abzuwägen.

Bild 1.12. zeigt die Abhängung einer Kuppel in der Abtei Neresheim mit Rundstäben an bzw. unter der Dachkonstruktion. Damit konnte die wertvolle Kuppelausmalung ebenso wie die Holzkonstruktion der Kuppel (Bild links) erhalten werden.

2. Bauzustandserfassung

2.1. Ziel, Methodik

Planungen und Baumaßnahmen in der Altbausubstanz erfordern eine gründliche Vorplanung mit

- Bestandserfassung
- Aufnahme des Bauzustandes
- Beurteilung und Wertung des Ist-Zustandes.

Alte Bauwerke weisen vielfältige Abnutzungs- und Schadenserscheinungen auf. Doch schwieriger ist das Erkennen verdeckter Mängel oder auch der Ursachen von Schädigungen.
Oft wird die Bedeutung von Voruntersuchungen durch Auftraggeber noch unterschätzt, und sie zahlen dann später drauf!
Nur ausreichende Angaben über die Schädigungen, die Belastbarkeit, baustoffliche und bauphysikalische Bedingungen lassen bei der Planung einer Verbesserung oder Änderung der Nutzung richtige und bautechnisch klar umsetzbare Schlußfolgerungen zu.
Prinzipiell sollten bei der Bauzustandsaufnahme und der Beurteilung für die zukünftige Nutzung die folgenden vier zusammenhängenden Phasen bearbeitet werden:

2.1.1. Vorgehensweise bei der Beurteilung des Bauzustandes

1. **Erfassung des Bauzustandes**
   - Angaben zum Bauwerk
   - Einflüsse
   - Schadenserscheinungen (genaue Beschreibung)
2. **Ursachen-Ermittlung**
   - Material
   - bauphysikalische Mängel
   - Nutzungsfehler

   Achten auf „verdeckte" Ursachen!

3. Bewertung des Bauzustandes
  - Gefahren
  - vorhandene Tragsicherheit
  - vorhandene Funktionssicherheit
  - Gutachten erforderlich?

4. Festlegung von Maßnahmen
  - bautechnisch (Sanierung von Bauteilen, Teilabbrüche, bauphysikalische Verbesserungen)
  - Nutzungsart (Belastungen, Feuchteanfall, Heizung)

Grundlagen zur Ermittlung der Angaben sind:
- Bauwerksbegehung
- Vorhandene Unterlagen und Dokumentationen, die durch den Auftraggeber zugängig zu machen sind
- Aufmaß
- Untersuchungen und Prüfungen.

Die Bauzustandserfassung muß hinreichende Angaben liefern zu
- Ermittlung der Bauzustandsstufe
- Nachweis der noch vorhandenen Trag- und Nutzensfähigkeit.

Bei der Bauzustandsanalyse ist der Zusammenhang – Ursache → Schaden (Art, Erscheinung) → Folgen, Auswirkung – zu erkennen und auszuwerten.

Bei der Bauzustands-Erfassung sind die **Einflußfaktoren** auf den Bauzustand und die **Ursachen** für Bauschäden festzustellen. Dabei sind zu beachten:

Umfeld
- Einflüsse auf den Baugrund wie Grundwasserabsenkung, Lageveränderung von Gewässern, Bergbau
- Umweltverschmutzungen
- Anbauten oder auch entfernte Gebäudeteile

Bauwerk
- ungleichmäßige Setzungen
- unplanmäßige Lageänderungen wie Verdrehungen, Schiefstellungen
- Aussteifungsmängel
- bauphysikalische Mängel
- Ausführungsmängel

Nutzung
- Belastungsgeschichte
- bauliche Veränderung
- unterlassene Instandhaltung
- Funktionsänderung
- Dämpfe, Naßprozesse, aggressive Agenzien.

2.1.2. Ursachengruppen bei Holzschäden

Die **Schadensursachen** werden gegliedert nach den auslösenden Faktoren physikalischer, biologischer und chemischer Art. Diese Einwirkungen, die die Schäden verursachen, werden in 6 Hauptgruppen und weitere Untergruppen unterteilt. Die Kurzbezeichnungen, z. B. U 21, können bei der Bauzustandserfassung vorteilhaft verwendet werden.

U 1 Mechanische Ursachen
- U 11 Statische Überbeanspruchung aus Belastung
- U 12 Dynamische Überbeanspruchung
- U 13 Sonstige nutzungsbedingte Einflüsse (z. B. Anprall, Abrieb)

U 2 Bauphysikalische Ursachen
- U 21 Wasser von außen durch undichte Dachhaut
- U 22 Wasser von außen durch schadhafte Entwässerung
- U 23 Wasser von außen durch aufsteigende Feuchtigkeit
- U 24 Wasser durch Nutz- und Abwässer
- U 25 Wasserdampfdiffusion
- U 26 Wärmewirkung (große Temperaturänderungen)
- U 27 mangelhafte Wärmedämmung
- U 28 mangelhafte Durchlüftung

U 3 Chemische Ursachen
- U 31 Einflüsse aus der Atmosphäre
- U 32 aggressive Medien in fester Form
- U 33 aggressive Medien in flüssiger Form
- U 34 aggressive Medien in gasförmiger Form

U 4 Biotische Ursachen
- U 41 Hausbock
- U 42 Nagekäfer
- U 43 andere tierische Schädlinge
- U 44 holzverfärbende Pilze
- U 45 Echter Hausschwamm
- U 46 Brauner Keller- oder Warzenschwamm
- U 47 weißer Porenschwamm
- U 48 weißfäulebildende Pilze
- U 49 moderfäulebildende Pilze

U 5 Materialspezifische Ursachen
- U 51 Baustoffbedingte Volumen- und Formänderungen (Schwinden, Quellen, Kriechen)
- U 52 Zeitabhängige Änderungen im Material
- U 53 Wuchsfehler
- U 54 Holzspezifische Einbaufehler

U 6 Außergewöhnliche Einwirkungen
- U 61 Feuereinwirkungen
- U 62 Explosion
- U 63 Naturereignisse

2.1.3. Bauzustands-Erfassungsblätter

Die Erfassung des Bauzustandes umfaßt das Tragwerk, die einzelnen Bauteile und die Verbindungen.
Dies kann umfassend und effektiv durch **Bauzustands-Erfassungsblätter** erfolgen, die sinnvoll in folgender Reihenfolge gegliedert sein können und sich bei vielen Gebäudeerfassungen bewährt haben:

Blatt 1: Allgemeine Angaben
Blatt 2: Überblick Schadensangaben
Blatt 3: Skizze der Baukonstruktion
Blatt 4: Schadensort, Schadensart, Schadensumfang.

Blatt 1 enthält einige wesentliche Angaben über das Bauwerk.
Das zweite Blatt soll einen Überblick über die Schädigungen der Gesamt-Konstruktion vermitteln. Dieses Blatt kann auch Grundlage zur Festlegung der Bauzustandsstufe sein.
Blatt Nummer 3 stellt untersuchte Konstruktion mit Maßen und Bauteilquerschnitten dar. Hier können auch verwendete Kurzbezeichnungen erklärt werden, z. B. Sp = Sparren; Ba = Balken; Kb = Kehlbalken.
Im vierten Blatt werden Schäden ausführlich tabellarisch erfaßt, z. B. jedes Gespärre mit Angabe des Schadensortes, der Schadensausdehnung und genauer Schadensbezeichnung.
Dazu folgen hier 4 Musterbätter.

Bauzustands-Erfassung – Holzkonstruktionen –	Blatt 1 Allgemeine Angaben
Objekt:	Datum:
Anschrift: Untersuchungsgegenstand:	
Baujahr: Grundriß-Außenmaße: Gebäudehöhe: Bruttofläche: Geschoßhöhe: Geschoßzahl: Wände: Geschoßdecken: Dachkonstruktion: Dachhaut: Hallen-Konstruktion: Lüftung: Treppen: Brandschutz: Bisherige Nutzungen: Ermittelte Bauzustandsstufe:	

Bauzustands-Erfassung Blatt 2
– Holzkonstruktionen – Überblick Schadensangaben

	Schadensort Bauteil ▷ / Schadensbilder ▽		gesamtes Tragwerk	einzelne Stäbe	einzelne Knoten	Auflager	Dachbinder/o. Riegel	Dachschalung	Sparren	Pfetten	Verbände	Unterdecke	Holz in Decken	Stützen	Holz in Wänden	Verbindungen	Metall-Tragglieder
Biotische und chem. Einflüsse	E1 • Durchfeuchtungen																
	E2 • Verfärbungen	• braun															
		• weiß															
		• schwarz															
		• grau															
	E3 • Bewachsungen	• Holzpilze															
		• Moose u.a.															
	E4 • Holzfäulnis																
	E5 • Fraßbilder	• Holzinsekten															
		• andere tierische Schädlinge															
	E6 • Chemische Korrosion																
Mechan. Einflüsse	E7 • Form- und Lageänderungen	• Verbiegungen															
		• Durchbiegungen															
		• Verschiebungen															
		• Verdrehungen															
	E8 • Risse																
	E9 • Querschnittsverringerungen	• gr. Astlöcher															
		• Kerben															
		• Bohrlöcher															
		• Abrieb															
	E10 • Brüche																
	E11 • Veränderungen an Metallbauteilen	• Korrosion															
		• Lockerung															
		• Versagen															

<u>Eintragung des Schadensgrades</u>
(Symbole)

x = stark (viel) über 50 %
– = mittel 26 ... 50 %
O = gering 6 ... 25 %

Bemerkungen:

Schadensursachen (Ursachengr. - Nr.)

Bauzustands-Erfassung
– Holzkonstruktionen –

Blatt 3
Skizze der Baukonstruktion

Objekt:	**Datum:**

Bauzustands-Erfassung
– Holzkonstruktionen –

Blatt 4
Schäden
Ort, Art, Umfang

Objekt:		**Datum:**
Bauteil:		
Ort:	**Schadensart:**	**Schadensumfang:**

Tafel 2.1. Kriterien für Bauzustandsstufen

Bauzustandsstufe	Verschleißgrad	Allgemeine Kriterien
1	0...5%	· guter Erhaltungszustand · keine Funktionsminderungen · volle Tragfähigkeit · unbedeutende Mängel · geringe Qualitätsminderung an den Oberflächen
2	6...25%	· geringe Schäden · Funktionsfähigkeit ist vorhanden, teilweise beeinträchtigt · volle Tragfähigkeit der Konstruktion · Risse und Brüche geringer Auswirkung · geringe Korrosion
3	26..50%	· schwere Schäden · größere Mängel · Funktionsfähigkeit erheblich eingeschränkt · Tragfähigkeit einiger Teile nicht gewährleistet · Brüche, Risse bedeutend · sofortige Instandsetzung erforderlich
4	über 50%	· unbrauchbare Hauptttragglieder · Funktionsfähigkeit nicht mehr gewährleistet · erhebliche Schäden an vielen Bauteilen · Tragfähigkeit überwiegend nicht gewährleistet · bedeutende Verformungen und Brüche · umfangreiche Instandsetzung oder Abriß

Holzkonstruktionen
· keine Schäden · geringe Mängel z.B. Verbindungsmittel gering korrodiert, örtlich begrenzte Schwindrisse · Holzschutz vorhanden · kein Schadorganismenbefall
· verminderte Tragfähigkeit einzelner untergeordneter Bauteile z.B. - örtlich begrenzter Insektenbefall - örtlich begrenzte Fäule - längere, aber nicht durchgehende Schwindrisse · Formänderung oder Verschiebung einzelner Bauteile · Verbindungsmittel teilweise gelockert · Chemischer Holzschutz flächenhaft nicht mehr wirksam
· erhebliche Schäden in großen Bereichen der Holzkonstruktion · Projekt ist für Instandsetzung erforderlich! Beispiele für Schädigungen: - starker Insektenbefall (> 1/3 der Querschnitte der Bauteile) - Echter Hausschwamm - mehrere Brüche tragender Bauteile - örtlich begrenzte, aber teilweise durchgehende Risse - mehrere schräggestellte Stützen oder Binder - starke Holzkorrosion oder starke Korrosion der Verbindungsmittel - große Durchbiegungen z.B. Balkendecken über l/150
· Holzkonstruktion nicht mehr funktionssicher · Holzkonstruktion nicht mehr standsicher Beispiele: - Gefahr des Abstürzes von Bauteilen bis zur Einsturzgefahr - Verbindungen zum großen Teil nicht mehr wirksam - erhebliche Querschnittsminderungen durch Pilze, Insekten - großflächig extreme Holzfeuchte - starke Verformung der Konstruktion - zerstörte Auflager oder Stützenfüße

2.1.4. Bauzustandsstufen

Die Bauzustands-Untersuchungen und deren Auswertung sind Grundlage zur Einordnung der Konstruktion in eine Bauzustandsstufe. Dabei sind zu beurteilen:

- Zustand der Holzbauteile
- Zustand der Verbindungen und Verbindungsmittel
- Zustand des Gesamttragwerkes.

In Tafel 2.1. sind sowohl allgemeine als auch die speziell für Holzkonstruktionen maßgeblichen Kriterien für die Bauzustandsstufen 1, 2, 3 und 4 aufgeführt.

Die Zustandsstufen der verschiedenen Bauteile sind einzeln festzulegen, und dann ist eine Gesamt-Stufe zu bilden.
Dabei sind die Haupttragglieder höher zu werten.
Die in der Tafel enthaltenen Kriterien sind als Beispiele aufzufassen, maßgebend ist die Einordnung in die allgemeinen Kriterien.

Die Dringlichkeit und die Art der Maßnahmen – von der kleinen Instandsetzung bis zum Abriß – können mit Hilfe der Auflistung der Schädigungen und aufgrund der ermittelten Bauzustandsstufe abgeleitet werden.

2.2. Untersuchungen und Methoden

Bei Untersuchungen und Prüfungen an alten Holzbauwerken sollte man sich immer fragen:

- Welche Untersuchungen sind unbedingt notwendig?
- Wie kann ich Erkenntnisse möglichst zerstörungsarm erhalten?

Art und Umfang der Untersuchungen hängen ab von

- vorhandenen Bauunterlagen und anderen Informationen
- Alter und Schädigungsgrad des Bauwerkes
- Grad der Gefährdung für Menschen und Sachwerte
- der Zielstellung, z. B. Forderungen des Denkmalschutzes oder der zukünftigen Nutzer.

Die wichtigsten „Instrumente" des Holzgutachters bei der Grob-Beurteilung sind

- **das geschulte Auge und**
- **der Zimmermanns-Hammer!**

Mit der Hammerspitze lassen sich Zustand, relative Festigkeit und Insekten-Fraßgänge unter der Oberfläche feststellen.

Mit der Breitseite des Hammers kann durch den Klang beim Anschlagen bei einiger Erfahrung auch der Zustand, verdeckte Fäulnis und das Unter-Last-Stehen eingeschätzt werden.

2.2.1. Untersuchungsstufen

Es werden 2 Stufen von Untersuchungen unterschieden:

1. Stufe bei Bauzustandsanalysen an allen Holztragwerken:

- visuelle Feststellungen von Schadensbildern, z. B. biotische Schädigungen, Deformationen.
  Wichtig ist die genaue Bestimmung der Art der Schadorganismen.
- Probenahmen: Holz und evtl. Verbindungsmittel
- Holzfestigkeit qualitativ, z. B. mit Spitzhammer oder Steckwerkzeug
- Bestimmung der Holzfeuchte
  - Elektrisches Meßgerät
  - Darrmethode nach DIN 52183 z. B. an Bohrkernen
    Proben sofort wägen oder luftdicht verpacken
- Risse – Tiefe der Schwindrisse
- Einbauzustand Verbindungsmittel
  visuell bzw. mit mechanischen Hilfsmitteln werden geprüft:
  - Lockerung
  - Verformung
  - Korrosion.

2. Stufe bei Bauzustandsanalysen in speziellen Fällen

Bei Bauwerken mit Gefährdung von Menschen oder mit großen wirtschaftlichen Folgen, bei großen Schädigungen, bei hohen Forderungen der Nutzer oder Denkmalpflege sind einzusetzen:

- Endoskopische Untersuchung in verdeckten Hohlräumen oder im Holz
- Bestimmung Rohdichte z. B. an Bohrkernen Ø 15, 20 mm
- Bestimmung von Holzfestigkeiten
  - visuelle Einschätzung (qualitative Aussage)
    Äste, Risse
  - Druckfestigkeit parallel zur Faser an Quadern, fehlerfrei nach DIN 52185
  - an Bohrkernen Ø 15 mm
  - Bestimmung des Biege-E-Moduls durch Messung dynamischer Kennwerte oder Probebelastungen
  - Prüfung von ausgebauten Bauteilen (Biegung, Druck)
- Veränderung durch chemische Einflüsse
  - Bestimmung Eindringtiefe von Substanzen, z. B. an Bohrkernen mittels Nachweisreagenzien oder Indikator-Lösung
  - Bestimmung des pH-Wertes mit Indikator-Lösung
  - Veränderung der Zellstruktur mit Mikroskop

Tafel 2.2. Prüfmethoden an Holzkonstruktionen

Prüf-Gegenstand	zerstörungsarm	zerstörungsfrei
1. Geometrische Messung - Aufmaß - verformungstreues Aufmaß		- Bandmaß - elektronische Entfernungsmesser - Photogrammetrie - Nivelier, Theodolit
2. Holzfehler - Risse - Löcher		- visuell - Rißtiefen-Meßstab - Rißbreiten-Lupe
3. Befall und Schäden durch Schadorganismen	- Spitzhammer - Bohrkerne - Endoskop - Bohrwiderstands-messung	- visuell
4. Holzfeuchte	- Darr-Wägung von Proben bei +103° - CM-Methode	- Elektrische Messung * Leitfähigkeit z.B. PROTIMETER Fa. Gann * elektr. Kapazität - Thermographie
5. Biegefestigkeit/ Biege-E-Modul		- Ultraschall! - Probe-Belastung
6. Druckfestigkeit/ Rohdichte	- Bohrkerne $\varnothing \geq 15$ mm - Xylodyn-Gerät	
7. Nachweis von chemischen Agenzien	Bohrspäne, Bohrkerne und Reagenz-Lösungen	Salz-Nachweis durch Leitfähigkeit-Messung
8. Eindringtiefe von chem. Agenzien	Bohrkerne und Reagenz-Lösung	
9. Ortung von Metall (Nägel u.s.w.)		Metall-Detektor

- Veränderungen an Verbindungen
  - Einbauzustand und Einbaulage mit Röntgentechnik oder Bohrwiderstandsmessung
  - Festigkeitsermittlung an ausgebauten Verbindungsmitteln

- Altersbestimmung der Holzbauteile, z. B. mittels Dendrochronologie über Jahrring-Vergleich.

In der Tafel 2.2. sind die wichtigsten Prüfarten und Prüfmethoden zusammengestellt.

2.2.2. Messung der Holzfeuchte

Eine Feuchtemessung an Holzbauteilen ist bei normalem Innenraumklima ohne Gebäudeschäden nicht erforderlich. Bei Schäden, nicht vorschriftsmäßiger bauphysikalischer Ausbildung, bei Nutzungsänderung, bei Parketteinbau und bei Außenbauteilen sind derartige Holzfeuchte-Feststellungen notwendig, da sich die Holzfeuchte erheblich auf die Holzfestigkeiten und die Befallsgefährdung durch Schadorganismen auswirkt.

Meßprinzipien bei der Holzfeuchtemessung

Die zur Zeit vorrangig angewendeten Meßprinzipien sind:

- Darr-Wägung
- elektrische Messung der Leitfähigkeit
- elektrische Messung der Kapazität.

Da die im Bauwerk unter den jeweiligen örtlichen Bedingungen sich einstellende Holzfeuchte ermittelt werden soll, müssen die Meßgeräte folgende Bedingungen erfüllen:

- handlich, geringes Gewicht
- stromnetzunabhängig
- Meßwerte bis in einige cm in das Bauteilinnere erzielbar
- einsetzbar für unebene Oberflächen.

- **Darr-Wägung**

Die entnommenen Proben sind möglichst sofort nach Entnahme zu wiegen und die Feuchtemasse m_f ist festzuhalten. Die spätere Trocknung bei 103 °C + 2 K wird bis zur Massekonstanz vorgenommen und die sogenannte Darrmasse m_{dtr} festgehalten.

Der Feuchtesatz u in % beträgt dann:

$$u = \frac{(m_f - m_{dtr}) \cdot 100}{m_{dtr}}$$

Diese Methode ist bei realer Erfassung von m_f sehr genau. Doch besteht vor allem bei kleinen Proben die Gefahr der Wasserabgabe im oberflächennahen Bereich und bei Bohrkernen verstärkt durch die Bohrwärme. Deshalb sind dampfdichte Folientüten oder Dosen zum Transport zu verwenden.

Gewicht mit und ohne Verpackung ermitteln und die Darr-Wägung nach DIN 52183 vornehmen.

- **Meßgeräte, die auf dem Prinzip der Messung der Leitfähigkeit beruhen**

Sie benötigen 2 Elektroden, zwischen denen der Ohmsche Widerstand des Meßobjektes ermittelt wird.
Es werden entweder Elektroden in das Holz eingetrieben, oder bei geringen Dicken und ebenen Oberflächen können sogenannte Spannelektroden angeschraubt werden.
Bei den Stech-Elektroden erfolgt die Messung nur im oberflächennahen Bereich, und der angegebene Feuchtesatz zeigt den Wert mit der von Struktur u. ä. abhängigen Strecke mit dem geringsten Widerstand an. Chemische Einlagerungen, wie Salze u. ä., können falsche Meßwerte für die reale Holzfeuchte verursachen.

- **Meßgeräte, die auf der Messung der Änderung der Dielektrizitätskonstanten eines Stoffes gegenüber der Luft beruhen.**

Die elektrische Kapazität eines Stoffes ändert sich in starkem Maße mit der in ihm jeweilig enthaltenen Feuchtigkeit. Ein Meßobjekt, welches zwischen den Platten eines Kondensators in einem Hochfrequenzkreis eingebracht wird, ändert den Strom im Kreis erheblich. Die Messung der Dielektrizität, also der elektrischen Kapazität zur Messung der Holzfeuchte in Bauteilen, hat die Vorteile, daß

- das Gerät nur auf die Oberfläche aufgesetzt wird,
- die Meßtiefe einige Zentimeter erfaßt und
- die Veränderung (und damit Verfälschung) der Meßwerte durch eingelagerte salzige Holzschutzmittel oder Düngesalze gering ist gegenüber den Geräten, bei denen die Leitfähigkeit gemessen wird.

Eine Analyse der angebotenen Meßgeräte bezüglich des Meßprinzips zeigt, daß der weitaus größte Teil das Prinzip der Leitfähigkeit anwendet und mit Stech- bzw. Nagelelektroden arbeitet.

Vor- und Nachteile der genannten Meßprinzipien sind in Tafel 2.3. zusammengestellt.

Eine Messung der Feuchte **in verschiedenen Tiefen** des Holzquerschnittes läßt sich einfach z. B. mit Hammer- oder Rammelektroden realisieren (siehe Bild 2.1.).
Die Elektroden sind bis auf die Spitzen isoliert und messen so gezielt in der eingeschlagenen Holztiefe. Damit lassen sich auch Feuchteprofile über die Querschnittstiefe darstellen.

Neue zerstörungsfreie Meßverfahren zur Messung der Holzfeuchte vor Ort, z. B. mit Infrarotstrahlung oder mit Neutronen-Sonden, befinden sich im Versuchsstadium und werden derzeit nur für andere Materialien angewendet.

Tafel 2.3. Vorteile und Nachteile der Meß-Methoden zur Ermittlung der Holzfeuchte

	Meßmethoden		
	DARR-Methode	elektrische Leitfähigkeit	elektrische Kapazität
NACHTEILE	* durch Probennahme zerstörend * zeitaufwendig * Trockenschrank und Präzisionswaage erforderlich * Problem der Feuchteabgabe der Proben	* Messung des geringsten Widerstandes * abhängig von Rohdichte und Holzart * genau nur bis etwa u = 60% * stark beeinflußt von chemischen Einlagerungen	* abhängig von Holzart * großer Einfluß der Oberflächenstruktur
VORTEILE	* sehr genaue Werte der jeweiligen Proben * jeder Holzfeuchtesatz ist genau meßbar * Basismethode zur Kalibrierung aller anderen Methoden bzw. Geräte	* an Baukonstruktionen direkt meßbar	* an Baukonstruktionen direkt meßbar * sehr einfache Handhabung (Aufsetzen) * kaum beeinflußt durch: - Leitfähigkeit - Dichte - chemische Einlagerungen

Probenahmen aus Bauteilen zur Darr-Wägung

Proben aus Bauteilen können im allgemeinen nur kleinformatig sein.
Wichtig für die Erhaltung der Holzfeuchte, die im Bauteil vorliegt, ist die Entnahmeart sowie die Wägung im Feuchtezustand. Zunächst gilt, je kleiner die Proben, desto größer die Abweichungen vom mittleren Feuchtegehalt der Holzbauteile. Die Oberfläche ist dabei im Verhältnis zum Volumen relativ groß, die Wasserabgabe an die Luft wirkt sich stärker aus.

Weiteren Einfluß hat die Entnahmeart. Häufig werden Bohrkerne „gezogen", wobei besonders bei maschinellen Zapfenfräsern Erwärmung und Feuchteabgabe auftreten.

Für die Holzfeuchtemessung in Bauwerken wird empfohlen:

- Bei Holzprobe-Entnahmen zur Darr-Wägung sind Mindestgrößen zu wählen (≥15 mm) und eine dampfdichte Verpackung ist zu sichern.
- Bei elektrischen Meßgeräten ist die zu messende Holzart und die vorliegende Lufttemperatur einzustellen.

Bild 2.1. Holzfeuchtemessung an Bauteilen in verschiedener Tiefe mit Hammer- oder Rammelektroden.

- Es sollten u. a. aufgrund der Inhomogenität des Holzaufbaues und örtlicher Bedingungen mindestens drei Messungen an einem Bauteil bzw. in einem Bereich erfolgen.
- Feuchtewerte in verschiedenen Tiefen des Bauteiles können relativ einfach mit sogenannten Ramm- oder Hammerelektroden ermittelt werden.
- Bei Salzeinlagerungen im oberflächennahen Bereich (z. B. Holzschutzmittel) zeigen Geräte mit der Messung der elektrischen Leitfähigkeit erheblich zu hohe Werte an. Dies ist zu beachten!

2.2.3. Probebohrungen und Bohrkerne

Völlig **zerstörungsfreie** Methoden zur Gewinnung wesentlicher Daten sind bei Altholz nur sehr begrenzt anwendbar und nur von wenigen Instituten durchführbar. Dazu zählt z. B. die Ultraschallmessung der Rohdichte bzw. des E-Moduls.

Allgemein praktikabel mit häufig guter Aussagekraft ist die Entnahme von **dünnen Bohrkernen.**
Bei einer Bohrung können zahlreiche Informationen gewonnen werden:

1. Bohrvorgang:
- Bohrwiderstand

2. Bohrkern (z. T. auch Bohrspäne)
- visueller Zustand, Schädigung, Spätholzanteil
- Geruch
- Holzfeuchte, auch im Inneren
- Rohdichte
- Festigkeit, aussagefähig ist Druckfestigkeit längs zur Faser
- Eindringtiefe von Holzschutzmitteln oder von aggressiven Medien
- Jahrringfolge und damit Grundlage für Holzalterbestimmung.

3. Bohrgang bzw. Bohrlochwand:
- Endoskopische Untersuchung
- Holzfeuchte

Welcher Bohrkerndurchmesser ist nun für die Feststellung der genannten Aussagen notwendig?

Für die meisten reicht ein Durchmesser von 5 bis 10 mm.

Bild 2.2. Zapfenfräser oder Kernbohrer mit Schaftverlängerung und Durchmessern von 10 und 20 mm.

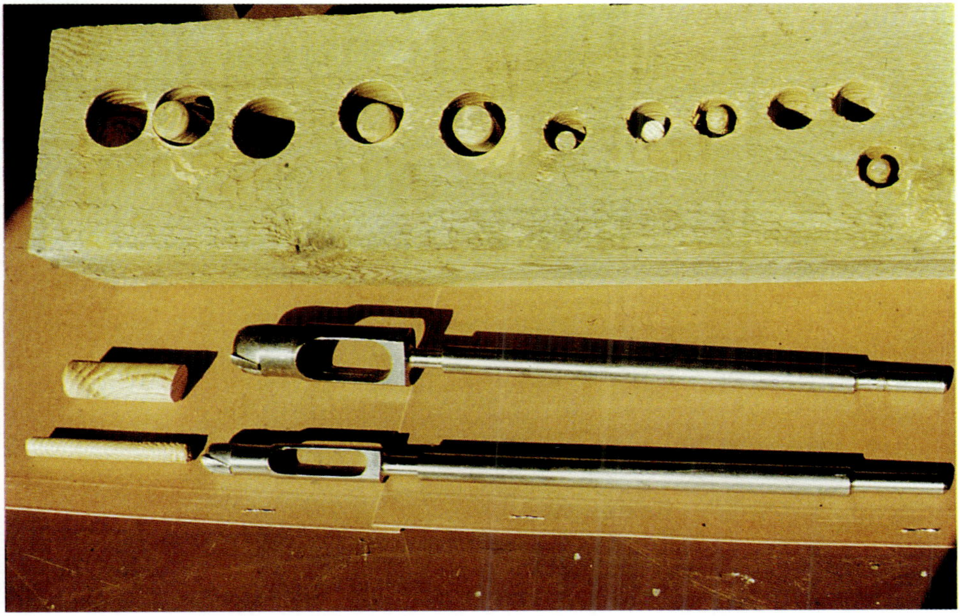

Um ungestörte Bohrkerne dieser kleinen Durchmesser zu erhalten, muß ein geeigneter Fräser, gut geschärft, zur Verfügung stehen. Die Bohrgeschwindigkeit und die Art des Bohrens erfordern Erfahrung.

Die einfachsten Bohrer mit einer dünnen Bohrwandung sind sogenannte **Zuwachsbohrer**, die meist 5 mm Durchmesser aufweisen.
Für Bohrmaschinen gibt es Kernbohrer oder Zapfenfräser, sinnvoll ab 8 mm bis 25 mm Durchmesser (Bild 2.2.).

Soll die Holzfestigkeit an Bohrkernen ermittelt werden, ergeben Bohrkerne ab 15 mm Durchmesser gute Korrelationen zu den Festigkeiten der genormten (DIN 52185) fehlerfreien kleinen Quader. Dies wurde in vielen Versuchen nachgewiesen [2.1., 2.2.].

Festigkeitsprüfungen an Bohrkernen
Die Bohrkerne werden dabei in Druckplatten mit Ausrundungen entsprechend ihrer Durchmesser gelegt und durch Druck längs zur Faser bis zum Bruch belastet (Bild 2.3.).
Die so ermittelten Druckfestigkeiten ergaben im Vergleich zu aus dem gleichen Holzteil entnommenen Probe-Quadern:

1. Umrechnungsfaktoren der jeweiligen Bohrkernfestigkeit zur wahrscheinlichen Quaderfestigkeit

- bei Fichte um den Wert 1,0
- bei Kiefer von 0,8 bis 1,1

Bild 2.3. Bohrkern in Druckschalen mit Ausrundungen zur Druckprüfung längs zur Faser in liegender Position.

d. h. die gesuchte Quaderfestigkeit ist z. B. bei einem Faktor 1,1

$$\sigma_{dDIN} = \frac{\sigma_{Bo}}{1,1}$$

Die Größenordnung der Prüf-Festigkeiten der beiden Prüfkörper-Arten ist also ähnlich.
Vergleicht man die Festigkeiten an der Proportionalitätsgrenze, liegen die Bohrkernfestigkeiten fast immer gering unter den Quader-Festigkeiten.
2. Die Festigkeitsprüfung an Bohrkernen, besonders bei der in der Praxis üblichen geringen Stückzahl, sollte mit Druck längs zur Faser durchgeführt werden, da hier geringere Streuungen auftreten als senkrecht zur Faser.
3. Bei der Prüfung Druck längs zur Faser können auch Bohrkerne mit Durchmesser von 10 mm verwendet werden, wenn sie in einwandfreiem ungestörten Zustand vorliegen.

Bohrwiderstandsmessung

Eine neuere Methode, die den Zustand und die relative Festigkeit im Inneren von Holzbauteilen fast zerstörungsfrei ermittelt, ist die **Bohrwiderstandsmessung** [2.3.]:
Mit einem speziellen Bohrgerät wird eine Bohrnadel von nur 1,3 mm Durchmesser mit konstanter Vorschubgeschwindigkeit in das Holz gedrückt. Je nach Holzfestigkeit wird mehr oder weniger Strom (Leistung) zur Sicherung des gleichmäßigen Vorschubes aufgenommen. Diese sich ändernde Stromaufnahme wird während des Bohrvorganges aufgezeichnet. Bild 2.4. zeigt eine solche Aufnahme durch einen 20 cm dicken Balken.

Bild 2.4. Diagramm einer Bohrwiderstandsmessung durch einen 20,5 cm dicken Balken mit einer geschädigten Randzone und einer Zone geringerer Festigkeit im Inneren
Aufnahme: Recontie Berlin
1 ohne Befund; 2 geschädigte Randzone; 3 geschädigte Zone

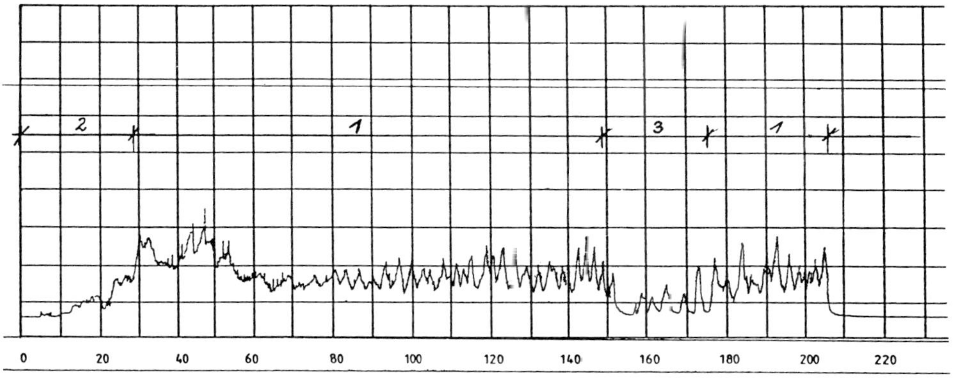

Bild 2.6. Bohrkerne aus einer Stütze einer Düngemittel-Lagerhalle mit Eindring-Nachweis von Kali-Düngesalzen (KCl).

Eine Querschnittsscheibe einer Holzschwelle wurde hierbei auf fluoridhaltige Schutzmittel mit Zirkon-Alizarin-Reagenz geprüft. Die Gelbfärbung weist die Eindringzone des Schutzmittels aus.

Das Eindringen von Agenzien in die Querschnitte von Holzbauteilen wird ebenfalls durch Fällungsreaktion und Farbänderung nachgewiesen.

Einige in der Industrie häufiger nachzuweisende Agenzien und ihre Nachweis-Reagenzien sowie die farblichen Reaktionen sind in Tafel 2.4. zusammengestellt [2.5.].

Ein einfacher Nachweis mit einer pH-Wert-Indikator-Lösung ist nur für wenige Mittel möglich und oft nicht genügend markant.

Ein Nachweis von Kalisalzen an Bohrkernen aus der Brettschichtholz-Stütze einer Düngemittellagerhalle zeigt Bild 2.6.

2.2.6. Holzalter-Bestimmung (Dendrochronologie)

Es gibt nur wenige Möglichkeiten der Holz- bzw. Baum-Alter-Bestimmung mit vertretbarem Aufwand.
Am häufigsten wird die dendrochronologische Untersuchung mittels **Jahrring-Vergleich** durchgeführt. Dazu werden aus einem Holzbauteil Proben entnommen, die möglichst viele Jahrringe in Folge aufweisen (möglichst mehr als 30 Jahr-

Bild 2.7. Querschnittsscheibe eines Balkens mit Baumkante für eine dendrochronologische Untersuchung. Eine Bestimmung der Fällzeit ist durch eine große Jahrringfolge bis zur Baumkante möglich.

ringe). An einer Seite sollte möglichst die Baumkante, also die äußere Splintzone, enthalten sein. Nur dann ist eine genaue Datierung der Fällzeit des Baumes und damit etwa der Einbauzeit möglich. Als Proben sind Querschnittsscheiben vorteilhaft, wo dies möglich ist. Bild 2.7. zeigt eine solche, etwa 5 cm dicke, Balkenscheibe. Ausreichend sind aber auch Bohrkerne.

Von den Proben werden die **Jahrringbreiten** genau gemessen und in **Wuchsfolge** in einem Computer gespeichert. Nun werden diese Zahlenfolgen mit denen von bereits vorliegenden, aus vielen früheren Proben gewonnenen, sogenannten Standardkurven, vom Computer verglichen. Wird der übereinstimmende Bereich festgestellt, kann das Fälldatum genannt werden.

Es gibt Standardkurven für die wichtigen Holzarten und für verschiedene Regionen. Nicht immer sind lückenlose und statistisch gesicherte Daten vorhanden. Doch die Daten-Dichte wird ständig größer und die Bestimmung damit sicherer.

2.3. Geräte

a) einfache Ausrüstung eines Holzgutachters oder Holzschutzfachmannes

- Zimmermannshammer
- Stichel
- feststehendes Messer, Kuhfuß
- Lupe
- Tüten, Dosen (für Proben)
- Taschenlampe, Fotoapparat
- Gliedermaßstab
- dünner, biegsamer Meßstab für Rißtiefen
- elektrisches Feuchtemeßgerät.

b) Geräte für tiefergehende Untersuchungen

- Bohrmaschine mit regelbarer Geschwindigkeit
- Kernbohrer bzw. Zapfenfräser d = 10 mm oder 15 mm
- Bohrgerät für Bohrwiderstandsmessungen
  (als Auftrag an entsprechende Institute vergeben)
- Endoskop mit Fotografier-Einrichtung
  (nur bei häufigen Untersuchungen in genutzten Räumen)
- Mikroskop (Vergrößerung 150fach ausreichend)
- Nachweis-Reagenzien, z. B. ZA-Reagens (DIN 52161)
- Druck-Prüfgerät bis 50 kN
  (meist in üblichen Bau-Labors vorhanden)
- Ultraschall-Meßgerät zur Ermittlung des E-Moduls und der Rohdichte
  (Holzbau-Institute beauftragen)

3. Zustandsanalyse und Beurteilung

Voraussetzung für eine fundierte Beurteilung von Holzbauwerken, die Jahrzehnte oder gar Jahrhunderte vielen äußeren Einflüssen standhalten mußten, ist die Kenntnis der wichtigsten Einflüsse auf dieses natürliche Baumaterial und die Beantwortung der Frage, wie es diese verkraftet.

Tafel 3.1. zeigt eine Übersicht der Einflüsse und deren negative Auswirkungen (1.).

Beim Baustoff Holz ist es möglich, die meisten Schädigungen anhand der Erscheinungsbilder bei entsprechender Erfahrung erkennen und beurteilen zu können.

Tafel 3.1. Einflüsse auf Holzkonstruktionen bei langen Standzeiten und Auswirkungen

1.	2.	3.	4.
Äußere Einflüsse	**Material-eigenschaften**	**Baumängel**	**Nutzungs-Einflüsse**
* Belastungshöhe * Belastungsdauer * Feuchtigkeit * aggressive Medien	* Materialart * Material-qualität * Material-mängel	* Luftabschluß * zu geringe Dimensionierung * mangelhafte Aussteifung	* Instandhaltung vernachlässigt * Änderungen der Funktion * Änderung der bauphysikal. Bedingungen * Schädigung von Bauteilen

Auswirkungen

* Befall und Zerstörung durch Schadorganismen
* große Verformungen
* Risse, Brüche
* Schäden an Verbindungsmitteln: Korrosion, Lockerung, Bruch
* Verringerung von mechanischen und elastischen Kennwerten

Die typischen Schadensarten bei Holzkonstruktionen sind – neben den mechanischen und chemischen wie auch bei anderen Baustoffen – noch stärker biologische Schäden, verursacht durch Feuchteeinwirkung.

In den folgenden Abschnitten werden die wesentlichen Einflüsse und daraus resultierende Schädigungen dargestellt.

3.1. Einwirken von Feuchtigkeit auf Holzbauteile

Holz arbeitet immer!

Holz weist ein großes Porenvolumen auf, in Form von Zellhohlräumen und auch in der Zellsubstanz.

Die Tatsache, daß Holz ein poröser Baustoff ist, hat Einfluß auf die Anpassung des Feuchtegehalts im Baustoff an die Umgebungsfeuchte. Die Wasseraufnahme ist mit einer Gewichtszunahme und Quellen verbunden, die Wasserabgabe mit einer Gewichtsabnahme und Schwinden.

Der Holzfeuchtesatz u kann vor allem bei Hölzern geringer Rohdichte weit über 100% betragen.

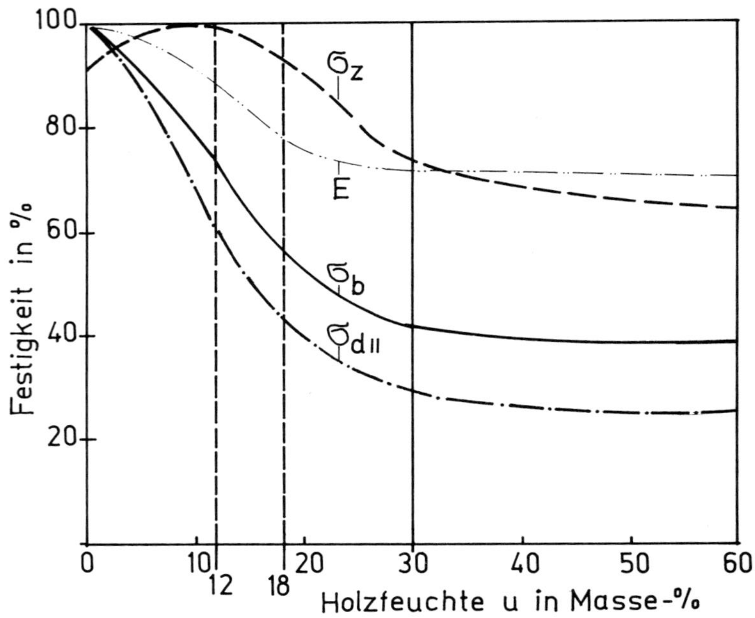

Bild 3.1. Abhängigkeit der Festigkeiten von Nadelholz von der Holzfeuchte an fehlerfreien Proben (nach *F. Rostasy*).

Die Holzfeuchte in Bauteilen beeinflußt wesentlich folgende Eigenschaften:

a) Alle Festigkeitsarten nehmen ab
beginnend etwa mit einem Feuchtesatz von u = 5% bis zum Fasersättigungsbereich bei u = 30%. Und gerade diesem Feuchtebereich können Baukonstruktionen ausgesetzt sein.
Bild 3.1. zeigt die Abnahme der Festigkeiten an kleinen fehlerfreien Holzproben mit steigendem Feuchtegehalt.
In der Baupraxis liegen die Verhältnisse etwas anders. Bei großformatigen, fehlerbehafteten Bauteilen wirkt sich die Feuchteänderung nicht so stark aus. Dennoch ist die Abnahme noch so erheblich, daß die Holzfeuchte bei der Berechnung der Tragfähigkeit von Holzkonstruktionen beachtet werden muß.

Nach DIN 1052 sind z. B. bei Bauteilen, die der Witterung ausgesetzt sind oder bei denen mit einer Gleichgewichtsfeuchte u > 18% zu rechnen ist, die Werte für die zulässigen Spannungen um 1/6 abzumindern. Auch die Werte für die Elastizitäts- und Schubmoduln sind um diesen Betrag zu reduzieren.
Bei der Festigkeitsprüfung von Holzproben ist die zum Zeitpunkt der Prüfung tatsächlich vorhandene Holzfeuchte festzustellen.
Die Bezugs-Feuchte bei kleinen Holzprüfkörpern ist u = 12%.
Die **Umrechnung von Festigkeiten** bei anderen Holzfeuchten kann je nach Festigkeitsart mit Näherungsformeln erfolgen.
Bei der häufigen Prüfungsart Druck längs zur Faser lautet diese:

$$\sigma_{dB}^{12} = \sigma_{dB}^{u}[1 + 0{,}04(u - 12)]$$

σ_{dB}^{12} = Druckfestigkeit in Faserrichtung bei Holzfeuchte u = 12%
σ_{dB}^{u} = Druckfestigkeit in Faserrichtung bei einer (gemessenen) Holzfeuchte u
u = Holzfeuchte des Probekörpers in %

Als Feuchtesatz u darf höchstens die Fasersättigungsfeuchte in die Formel eingesetzt werden, da die darüberliegenden Feuchtesätze keine relevante Festigkeitsminderung bewirken.
Bei Nadelhölzern liegt die Fasersättigungsfeuchte bei u = 30%.

b) Schwinden bzw. Quellen und die Größe von Schwindrissen
Aufgrund von Feuchteänderungen, insbesondere kurzzeitiger Trocknung, entstehen in Schnittholzquerschnitten Schwind- oder Trockenrisse, wobei die Lage des Kernes im Querschnitt von Bedeutung ist.
Bedingt sind diese Risse durch eine relativ geringe Querzugfestigkeit und infolge der unterschiedlichen Schwindwerte in tangentialer und radialer Richtung im Holzquerschnitt.
Die Tragfähigkeit von Holzbauteilen wird im allgemeinen durch Schwindrisse nur wenig gemindert.

Im folgenden sollen die wichtigsten holzzerstörenden Pilze charakterisiert werden, vor allem ihre **Lebensbedingungen und ihre Schadbilder:**

- Hausschwamm-Arten, dabei der häufigste und gefährlichste Zerstörer: Echter Hausschwamm
- Brauner Keller- oder Warzenschwamm
- Weißer Porenschwamm
- Blättlinge
- Moderfäuleerreger

3.2.1. Hausschwamm

Der Echte Hausschwamm (Serpula lacrimans) ist der häufigste und gefährlichste Holzzerstörer in unseren Gebäuden.
Seine Gefährlichkeit macht vor allem folgendes aus:

- Er kann sein Myzel einige Meter weit wachsen lassen, ohne Substrat vorzufinden und zieht selbst Feuchtigkeit nach.
- Er durchwächst Mauerwerk, nicht nur den Fugenmörtel, auch auch die Ziegelsteine (Bild 3.3.).
- Er zerstört „zügig" und kann nach längeren Trockenzeiten wieder vital werden.

Die Bilder 3.4. und 3.5. zeigen Myzel und Fruchtkörper dieses Bauholz-Feindes Nummer 1.

Bild 3.3. Ziegelstein, aus einer Hauswand herausgebrochen, vom Myzel des Echten Hausschwammes durchwachsen!

Bild 3.4. Echter Hausschwamm, lappenartiges Myzel und Fruchtkörper mit weißem Zuwachsrand.

Bild 3.5. Echter Hausschwamm, Fruchtkörper.

Bild 3.6. Brauner Keller- oder Warzenschwamm, dünnes schwarzes Myzel.

Bild 3.7. Brauner Keller- oder Warzenschwamm, dunkelbrauner Fruchtkörper.

Das Schadensbild am Holz weist Braunfäule, großen Würfelbruch und Verkrümmungen von Brettern auf.

Der Echte Hausschwamm spielt auch in der Vorschrift DIN 68800 Teil 4 und in der Fachliteratur eine Sonderrolle. Hingewiesen wird auf das Merkblatt des WTA Denkmalpflege und Bausanierung [3.1.] sowie auf [3.2.] und den Abschnitt Holzschutz dieses Buches.

3.2.2. Brauner Keller- oder Warzenschwamm

Dieser Schadpilz bevorzugt Nadelholz mit sehr hoher Feuchte.
Das Myzel ist sehr dünn und schwarz und tritt nicht häufig auf (Bild 3.6.).
Die Fruchtkörper sind dünne dunkelbraune Häute, oft mit Buckeln und Warzen versehen (Bild 3.7.).
Das Schadbild ist Braunfäule mit mittelgroßem Würfelbruch.

3.2.3. Weißer Porenschwamm

Er befällt bevorzugt Nadelhölzer. Die erforderliche Holzfeuchte liegt niedriger als beim Braunen Kellerschwamm.

Bei diesem Pilz ist alles weiß: Hyphen, Myzel und Fruchtkörper. Ein markantes Kennzeichen ist das ausgeprägt eisblumenartige Oberflächenmyzel (Bild 3.8.).

Bild 3.8. Weißer Porenschwamm, eisblumenartiges Oberflächenmyzel.

3.2.4. Blättlinge

Eine weitere Gruppe holzerstörender Pilze sind **Blättlinge,** die vor allem eine Innenfäule bewirken, meist erst im fortgeschrittenen Stadium der Zerstörung erkannt werden und dadurch besonders gefährlich sind.

Die häufigsten Arten sind

- Zaunblättling
- Tannenblättling
- Schuppiger Sägeblättling.

Sie zerstören Nadelholz und bewirken eine **Braunfäule im Inneren der Hölzer.** Beim Zaun- und Tannenblättling ist als Schadbild auch typisch ein jahrringsweises Auseinanderfallen des Holzes.
Blättlinge treten vor allem an im Freien verbautem Holz wie an Zäunen, Brücken, Masten usw. auf, aber auch in Gebäuden bei hoher Holzfeuchte.
Die Sporen keimen vorwiegend in Schwindrissen oder Fugen und auch die Fruchtkörper drängen aus Rissen an die Oberfläche. Oberflächenmyzel tritt selten auf.
Bild 3.9. zeigt an einem freigelegten Hirnholz eines Dachriegels einer Brücke geringes Blättlings-Myzel, Bild 3.10. zeigt ausgebaute Fahrbahnlängsträger mit 40 cm Durchmesser, die erhebliche Innenfäule durch Blättlings-Befall aufweisen.
Die Bilder 3.11. zeigen an einem Freisitz beginnende Fruchtkörperbildung (orangegelb, braun) des Zaunblättlings sowie das Schadbild Innen-Braunfäule.

Bild 3.9. Zaunblättling-Myzel.

Bild 3.10. Ausgebaute Fahrbahnträger einer Brücke mit Innenfäule durch Blättlingsbefall.

Bild 3.11. Freisitz mit Sitzfläche aus Nadelholz, Befall und Zerstörung durch Zaunblättling. a) Fruchtkörperbildung (oben); b) Zerstörung durch Braunfäule (unten)

3.3. Schädigungen durch Holzinsekten

Die holzzerstörenden Insekten im Bauholz haben unterschiedliche Fraßgewohnheiten. Für die Einschätzung der Schadensintensität müssen die wesentlichen Arten bei der Beurteilung erkannt werden.
Die Holzschwächung erfolgt durch Fraßgänge, die die Larven, fälschlich als Holzwürmer bezeichnet, über Jahre anlegen. Das zerkleinerte Holz dient den Käfer-Larven als Nahrung. Nagsel und ausgeschiedene Teile sind artenspezifisch und können zur Artenbestimmung herangezogen werden.
Die Entwicklungsstufen der Käfer sind: Ei – Larve – Puppe – Vollinsekt. Nach langer Fraßzeit verpuppen sich die Larven, meist dicht unter der Holzoberfläche, und das entwickelte Insekt durchstößt die dünne Deckschicht. Form und Größe der Ausflugslöcher sind ein wesentliches Erkennungsmerkmal der Insektenart.
Schwieriger ist die Feststellung, ob toter oder lebender Befall vorliegt.
Als Lebensbedingungen benötigen die Käferlarven Kohlehydrate und Eiweiß als Nahrung sowie Holzfeuchten, die erheblich niedriger liegen können als bei Holzpilzen. Die untere Grenze liegt bei u = 10%, lediglich der Braune Splintholzkäfer, ein häufiger Parkett-Zerstörer, überlebt auch größere Trockenheit. Die Feststellung, daß die häufigen Holzinsekten bei Holzfeuchten zwischen 20% und 30% ihr Optimum haben, gibt wiederum Hinweis auf stärkeres Auftreten. Die Nageaktivität hängt auch von der Temperatur ab. Sie beginnt etwa bei +15 °C und endet z. B. beim Hausbock bei +36 °C.

Hausbock (Hylotrupes bajulus)

Er gehört zu den fraßintensivsten einheimischen Holzkäfern. Befallen wird Nadelholz und hier nur das Splintholz. Das ist wesentlich für die Resttragfähigkeit von Bauteilen. Nach Abstoßen der „vermulmten" Teile sind die Restquerschnitte oft ausreichend.

Bild 3.12. Hausbock: Larve und Fraßgänge.

Bild 3.13. Kanthozquerschnitt mit Fraßgängen des Hausbockes im Splintholz.

Bild 3.12. zeigt eine Hausbocklarve und ihre Fraßgänge, Bild 3.13. zeigt einen Kantholzquerschnitt mit Fraßgängen im Splintholz.
Der Hausbock erzeugt breite Fraßgänge (5 bis 7 mm) und hinterläßt beim Ausfliegen markante ovale Ausfluglöcher mit den mittleren Maßen 4×7 mm.

Gewöhnlicher Nagekäfer (Anobium punctatum)
Diese Spezies vermag sich durch Laub- und Nadelhölzer zu ernähren.
Das Splintholz wird bevorzugt, aber auch Kernholz kann durchnagt werden.
Diese Käferart befällt vom Deckenbalken über Scheuerleisten bis zu Möbeln bei Holzfeuchten über 12% alle Holzgegenstände.
Das Holz wird mit sich kreuzenden Gängen völlig durchzogen, die Gänge mit Bohrmehl verstopft.
Die Fluglöcher sind zahlreich, kreisrund und von geringem Durchmesser, etwa 2 mm.

Trotzkopf
Er befällt vorwiegend Nadelhölzer – und zwar feuchtes und bereits pilzdurchwachsenes Holz. Diese Anobienart verursacht etwa 3 mm breite Fraßgänge und kreisrunde, 3 bis 4 mm große Fluglöcher.

Gescheckter oder Bunter Nagekäfer
Er trägt den klangvollen Namen Xestobium rufovillosum und kann als einziger Klopfgeräusche erzeugen.
Pilzbefallenes Holz wird deutlich bevorzugt.
Ähnlich wie beim Trotzkopf sind die Fluglöcher kreisrund und haben 3 bis 4 mm Durchmesser, doch abweichend zu diesem befällt er vorwiegend Eichenholz!
Die Tragfähigkeit von Konstruktionshölzern in alten Gebäuden wie Schlössern, Kirchen u. ä. ist durch diesen Nagekäfer oft gefährdet.

3.4. Schwindverformungen und Schwindrisse

Die Schwindmaße radial und tangential zu den Jahrringen sind erheblich unterschiedlich und sind ein Hauptgrund der Rißbildung. So ist das Schwindmaß bei Nadelholz in tangentialer Richtung (0,0026) mehr als doppelt so groß wie das Schwindmaß in radialer Richtung (0,0012).
Eine direkte Wetterbeanspruchung mit häufigem Wechseln von Einstrahlungswärme und Feuchtigkeit wirkt sich noch stärker auf die Rißbildung in Holzquerschnitten aus.

Die Größe der Schwindrisse in Bauteilen ist vor allem abhängig von

- der Lage des Kernes bzw. Markes im Bauteilquerschnitt
- der Art und vom Verlauf der Trocknung
- den Bedingungen während der Nutzung.

Die **Minderung der Tragfähigkeit** durch Schwindrisse wurde bisher beim Nachweis alter Holzkonstruktionen nur in Ausnahmefällen berücksichtigt. Eine verallgemeinernde Erfassung in einer Vorschrift o. ä. existiert bisher nicht. Erfahrungen belegen allerdings auch, daß Schwindrisse „normaler" Tiefe nur eine geringe Auswirkung haben.
Ab welcher Tiefe oder Breite nun Risse beim Nachweis der Resttragfähigkeit berücksichtigt werden müssen, wird im folgenden behandelt: Ein Vorschlag wird in [3.3.] gemacht.
Für in statischer Hinsicht als unbedenklich geltende Rißtiefen, je nach Beanspruchungsart, werden relativ große Werte vorgeschlagen, so bei Biegung bis 0,8 · H und 0,6 · B. Bei Schub wird bei Nichterreichen der zulässigen Schubspannungen der große Wert von 0,8 · B zugelassen.
Eigene Versuche mit Altholzbalken aus Fichtenholz belegen erneut das erstaunliche Tragvermögen von Bauteilen aus dem organischen Baustoff Holz mit großen Rissen. Doch ist zu beachten, ob die Risse bei Biegebalken vertikal oder etwa horizontal liegen, da letztere sich wesentlich stärker auswirken bezüglich Biege-, vor allem aber Schubaufnahmefähigkeit. Eine Serie von Versuchsbalken wies horizontale Risse etwa in der halben Balkenhöhe mit einer Tiefe von i. M. 0,5facher Balkenbreite auf. Diese Balken (Verhältnis h : l = 1 : 6) versagten durch Schubbruch, wobei für die Restholzbreite eine Bruch-Schubspannung von $\tau \approx 5{,}5\ N/mm^2$ ermittelt wurde.
Die Serie der Balken mit Vertikalrissen mit einer Tiefe von i. M. 0,6h versagten durch Biegebruch mit einer mittleren Biegebruchspannung von $\sigma_b = 40\ N/mm^2$. Im Vergleich mit Balken ohne nennenswerte Risse lagen die Bruchspannungen der Balken mit Vertikalrissen in der gleichen Größenordnung. Bei diesen Rissen sind keine relevanten Tragfähigkeitsminderungen bei Biegung ableitbar.

Im folgenden wird ein **Vorschlag zur Rißbeurteilung,** vor allem zur Einordnung unbedenklicher Rißtiefen nach Lage im Querschnitt und Beanspruchungsart, gemacht [3.4.].
1. Der Einfluß von Schwindrissen auf die Tragfähigkeit von Holzbauteilen ist nach der Hauptbeanspruchung des Bauteiles (Biegung, Schub, Knicken) zu differenzieren.

2. Die Lage der Risse im Holzquerschnitt in Beziehung zur Lastrichtung ist bei Biegung und Schub wesentlich und ist zu berücksichtigen.

3. Die Festlegung von **unbedenklichen Rißtiefen t** ist vertretbar und stellt eine wertvolle Hilfe bei Bauzustandsanalysen dar. Diese Rißtiefenangaben müssen in Abhängigkeit von Beanspruchungsart des Bauteiles und Lage der Risse im Holzquerschnitt zur Lastrichtung erfolgen.
Es wird vorgeschlagen für unbedenkliche Rißtiefen t

bei Biegung $t \leq 0{,}7h$
$t \leq 0{,}6b$

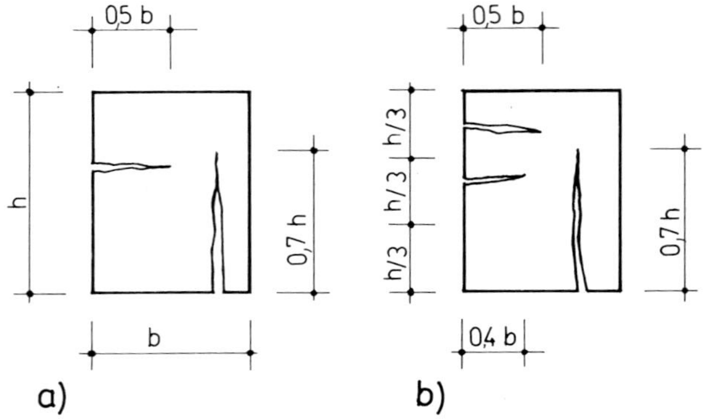

Bild 3.14. Zusammenstellung der größten unbedenklichen Rißtiefen (nicht in einer Querschnittsebene liegend).
a) Biegung; b) Schub

bei Schub $t \leq 0{,}7h$
$t \leq 0{,}5b$

h = Bauteilhöhe, b = Bauteilbreite.

Dabei sind die größten Rißtiefen t möglich als Einzelriß oder als Summe der Rißtiefen etwa gegenüberliegender Risse.
In Bild 3.14. sind die zusammengestellten größten unbedenklichen Risse **nicht** in **einer Querschnittsebene** zulässig.
Bild 3.15. zeigt eine zulässige Variante von Rissen in einer Querschnittsebene.
Bei Druckstäben ist die zulässige Rißtiefe in Abhängigkeit vom Schlankheitsgrad bzw. von der Knickspannung zu sehen, im üblichen Fall $t \leq 0{,}5 \cdot b$.

4. Werden die **unbedenklichen größten Rißtiefen überschritten**, ist eine Beurteilung des jeweiligen Falles von einem erfahrenen Fachmann durchzuführen. Der Gefährdungsgrad und der Einfluß der Minderung der Querschnittswerte sind dann abhängig von der Beanspruchungsart und der Lage der Risse nachzuweisen.

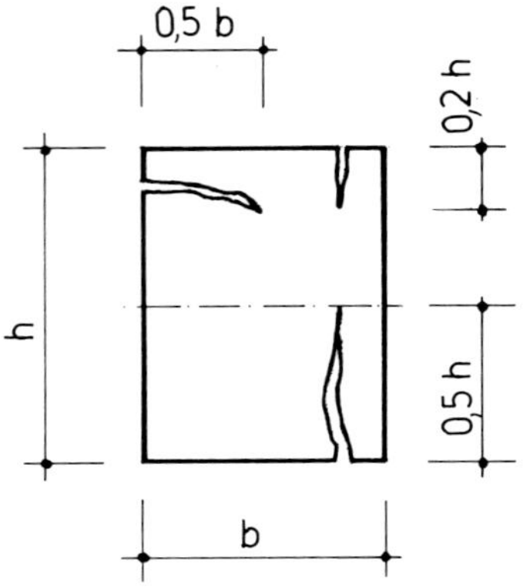

Bild 3.15. Beispiel für zulässige Risse in einer Querschnittsebene.

5. Besonders zu beachten sind Risse im Bereich von Holzschwächungen und Verbindungsmitteln. Von hier gehen meist größere Gefahren aus (Aufspalten, Vorholz-Reißen) als von Rissen im übrigen Bereich.

Auch die durchgehende **Länge der Risse** spielt für die Tragfähigkeit des Bauteiles eine Rolle. Als Grenze für unbedenkliche Rißlängen wird l/3 vorgeschlagen, wobei l die Stablänge ist.

Zusätzliche Schwindvorgänge bei Umnutzungen:
Hierbei geht es um Schwindverformungen (Querschnittsverringerung) und Entstehen oder weiteres Aufreißen von Schwindrissen.

Kritisch ist der Einbau von Zentralheizungen in bisher nicht oder wenig geheizten mehrgeschossigen Gebäuden in Holzrahmen- oder Fachwerk-Bauweise. Es kommt zu erheblichen Verkürzungen (hohe Rähme, Riegel oder Unterzüge) und damit örtlichen „Setzungen".
Dies führt zu Lastumlagerungen, Änderungen des Tragsystems und kann zu Rissen, Quetschungen und Brüchen führen! Auch Einbaukonstruktionen wie Wände, Türen, Fenster können dadurch geschädigt werden.
Wesentlich für die Art und Größe der Holzschäden ist dabei auch, wie z. B. Kopfbänder an Stiel und Rähm angeschlossen sind. Hier ist eine nachträgliche Verbesserung der Kraftübertragung der Verbindungen durchzuführen.

3.5. Einwirken chemischer Medien

Holz ist ein korrosionsträger Baustoff, und deshalb haben Baukonstruktionen aus Holz bei korrosionsfördernden Einflüssen wie hoher Luftfeuchte und aggressiven Medien eine längere Nutzungsdauer als Bauteile aus Stahl oder Beton.

Derartige Bedingungen liegen z. B. vor in der chemischen Industrie, in der Landwirtschaft, in Düngerlagerhallen. Hier ergibt der Einsatz von Holz einen hohen volkswirtschaftlichen Effekt. Da auch Holz – wenngleich sehr langsam – korrodiert, ist es von technischem und wirtschaftlichem Interesse, die Korrosionsvorgänge, -bedingungen und -geschwindigkeiten zu kennen.

3.5.1. Definition der Holzkorrosion

*„**Holzkorrosion** ist die von der Oberfläche ausgehende Schädigung bzw. Zerstörung des Holzes infolge chemischer und/oder chemisch-physikalischer Reaktion bei Wechselwirkung mit seiner Umgebung".*

Eine bei Holz wichtige Abgrenzung muß zu den Schädigungen durch Schadorganismen, zur sogenannten „biologischen oder biotischen Korrosion" vorge-

nommen werden. Im Betonbau wird „biogene Korrosion" definiert als „Schädigung von Baustoffen durch von der Oberfläche ausgehende chemische Umsetzung unter Mitwirkung von Mikroorganismen".
Es sind also auch hier wie bei den anderen Korrosionsarten Formulierungen „von der Oberfläche ausgehend" und „unter Beteiligung von chemischen Reaktionen" in der Definition maßgebend. Deshalb wird die Einbeziehung von Holz-Schädigungen durch Schadorganismen (Holzinsekten, Holzpilze) in den Begriff Holzkorrosion abgelehnt. Denn zum einen erfolgt die Zerstörung nicht prinzipiell von der Oberfläche ins Innere fortschreitend, und zum zweiten sind bei Fraßschäden durch Holzinsekten im Holzbauteil keine chemischen Reaktionen beteiligt. Deshalb sind dafür die bisherigen Begriffe biotische Schädigungen, Pilz- oder Insektenbefall oder Holzfäulnis zutreffend und sollten beibehalten werden.

3.5.2. Korrosionserscheinungen bei Holz

Holz befindet sich mit seiner natürlichen Umgebung in nahezu vollkommenem chemischen Gleichgewicht. Seine Lebensdauer ist deshalb bei normaler Luftfeuchte sehr hoch. Auch stärkeren chemischen Angriffen setzt Holz eine hohe Widerstandskraft entgegen. Seine Resistenz gegenüber Säuredämpfen, gegenüber kalten und heißen Lösungen neutraler und saurer Salze, gegenüber verdünnten Säuren und Basen, machen es zu einem geeigneten Konstruktionswerkstoff, auch für einen Einsatz in der chemischen Industrie und in der Landwirtschaft. Über lange Zeiträume und bei starker chemischer Einwirkung erfolgt auch bei Holz eine Korrosion. Diese zerstörende Wirkung geht von der Oberfläche aus und schreitet nur langsam nach innen fort.
Die Faktoren, die bei der Korrosion von Holz eine bestimmende Rolle spielen, und die Korrosionsarten sind in einem Schema in Bild 3.16. zusammengestellt.
Zu den Korrosionsarten werden folgende Erläuterungen gegeben:

Chemischer Abbau von Holzbestandteilen

Die Hemizellulosen und dann das Lignin werden durch die meisten Agenzien eher und stärker abgebaut als die Zellulose. Aufgrund der Struktur und der Zusammensetzung des Holzes wird Kernholz wesentlich langsamer abgebaut als das Splintholz und generell nimmt die Zerstörungsrate mit zunehmender Tiefe (von der Oberfläche aus) ab. Nadelholz wird durch die meisten chemischen Agenzien, besonders aber durch Laugen, langsamer zerstört als Laubholz.

Mechanische Zerstörung

Aufgrund der Sorptionseigenschaft des Holzes erfolgt aus der Umgebung in Form von hoher Luftfeuchte, Gasen und Lösungen, auch gelösten Salzen, eine Aufnahme von Wasser, die die Zellsubstanz zur Quellung bzw. bei Feuchteabnahme zur Volumenminderung bringt. Bei häufigem Wechsel solcher Vorgänge oder bei Einlagerung stark hygroskopischer Stoffe erhöht sich die zerstörende Wirkung,

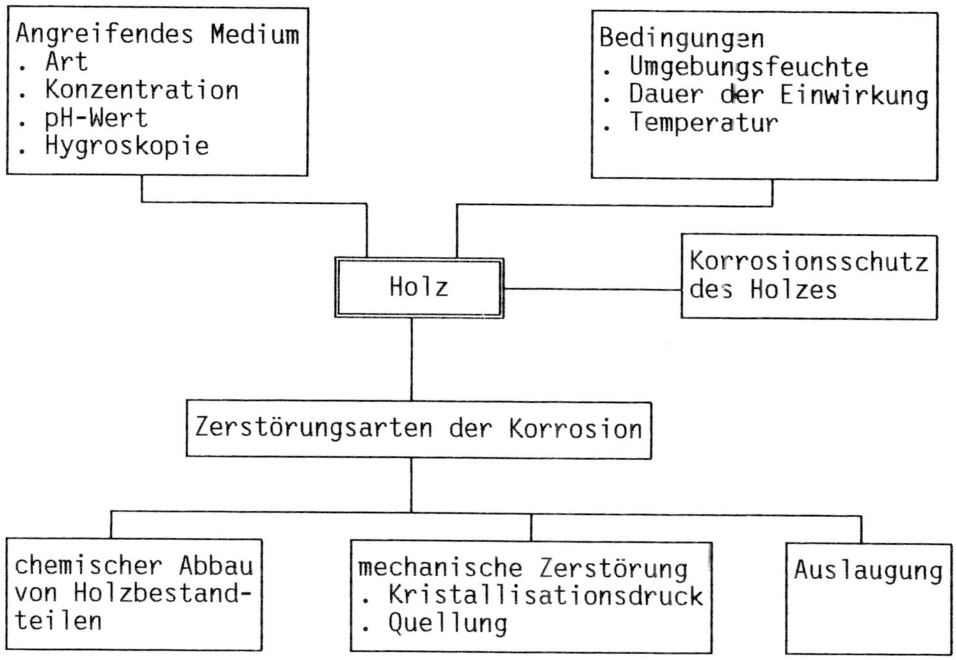

Bild 3.16. Korrosionskomplex bei Holz bei Einwirkung chemischer Medien.

und es ergeben sich physikalische Veränderungen in der Zellsubstanz. Die starken Quellungen und eingedrungenen Kristalle zerstören Zellverband oder Zellwände. So ist z. B. auch das streifenartige Lösen von Holz in Salzlagerhallen vorrangig auf diese Wirkung zurückzuführen.

Auslaugung

Ein Prozeß des Herauslösens von Substanzen, z. B. Nebenbestandteilen, wie Mineralien, Harze, Alkohole, Stärke u. ä., durch Wasser, besonders bei hohen Temperaturen.

Hier sind chemische und physikalische Prozesse beteiligt. In der Praxis vorkommend in chemischen Betrieben, z. B. bei Behältern, Fußbodenbelägen u. ä. Die Auslaugung tritt bei Baukonstruktionen selten, nur bei entsprechender Produktionstechnologie oder ständig unter Wasser in Erscheinung.

Die **aggressive Wirkung** auf Holz ist je nach Aggregatzustand des Mediums vorrangig abhängig von

- bei gasförmigen Medien: Art, Konzentration, Luftfeuchte
- bei flüssigen Medien: pH-Wert, Konzentration, Dissoziationsgrad
- bei festen Medien: Art, Löslichkeit in Wasser, Hygroskopizität, pH-Wert in Lösung, Luftfeuchte.

Bild 3.17. Einlagerung von Salzen in der Randzone eines Kiefer-Kantholzes.

Bild 3.18. Zerfaserung und wolleartige Struktur an der Holzoberfläche; wenige Millimeter darunter festes Holz.

Die **Korrosionserscheinungen** sind bei den meisten auf Holz aggressiv wirkenden Agenzien **ähnlich:**

- Braun- oder Dunkelgelb-Färbung, die von den Randzonen aus in das Innere der Querschnitte vordringt
- erhöhter Holzfeuchtesatz in den Randbereichen
- Einlagerung von Salzkristallen oder Säurerestionen (Bild 3.17.)
- Auffasern bis zu pulvriger Auflösung der oberflächennahen Holzsubstanz (Bild 3.18.)
- Ablösen von Holzstreifen entlang der Jahresringgrenzen bei bestimmten Bedingungen
- verringerte Festigkeiten in den Randzonen
- kurzfaserige Brüche bei Säure-Einwirkung.

Bild 3.19. Braunfärbung einer breiten umlaufenden Randzone in einem Holzquerschnitt; aus einer Lagerhalle der Kaliindustrie.

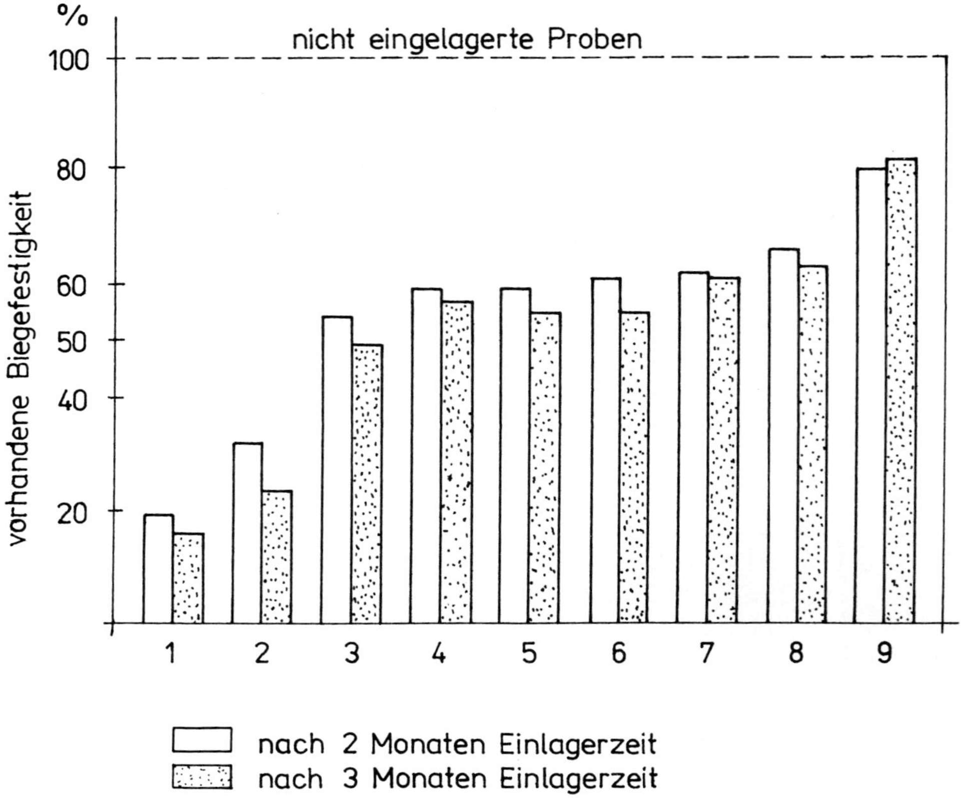

Bild 3.20. Aggressivität einiger wichtiger Lösungen gegenüber Nadelholz; verdeutlicht durch Abnahme der Biege-Tragfähigkeit.
1 Salzsäure; 2 Salpetersäure; 3 Harnstoff; 4 Natronlauge; 5 Superphosphat; 6 Kaliumchlorid; 7 Schwefelsäure; 8 Ammonsulfat; 9 Wasserstoffperoxid

Die Querschnitte von Holzbauteilen aus Gebäuden, die langjährig chemischem Einfluß ausgesetzt waren, weisen im allgemeinen eine **Verfärbung der Randbereiche** auf (Bild 3.19.). Diese Verfärbung ist bei den meisten Medien dunkelgelb bis braun, auf jeden Fall dunkler als die inneren Querschnittsbereiche. Inwieweit können die Breiten der verfärbten Randbereiche zu Rückschlüssen auf die Festigkeit bzw. zur Beurteilung der Tragfähigkeit herangezogen werden? Folgende Aussagen können gemacht werden:

1. Die durch Eindringen und Einlagern chemischer Agenzien, insbesondere von Salzen, bewirkten Verfärbungszonen stellen ein Kennzeichen für die Einlagerung dar. Die Verfärbungsbreite ist abhängig von Luftfeuchte, Art des Mediums und Einwirkdauer.

2. Die Verfärbungszonen sind am ganzen Umfang vorhanden, sie sind ähnlich breit an den Seitenkanten sowie an Ober- und Unterseite.

3. Die Breiten der Verfärbungszonen liegen bei einer Nutzzeit des Gebäudes von etwa 60 Jahren i. M. bei 20 mm. Die Streuung ist allerdings je nach Einbauort, Ablagermenge und Luftfeuchte relativ groß.

4. Die Eindringtiefen bei Kiefernsplintholz sind erheblich größer als bei Fichtenholz!

5. Wie aus Festigkeitsprüfungen deutlich wird, ist die Verfärbungsgrenze keine Grenze eines stark festigkeitsgeminderten Randbereiches, doch beginnt ab dieser Grenze die Festigkeitsabnahme.

Die Aggressivität der Medien wurde aufgrund der Untersuchungen, insbesondere der reduzierten Querschnitte, bedingt durch die nichttragfähige korrodierte Randzone, ermittelt. Es wurden dabei Aggressivitätsklassen gebildet. Für Lösungen zeigt Bild 3.20, einige wichtige Medien.

Bei Gasen, Dämpfen und körnigen Lagerstoffen spielt die Luftfeuchte eine große Rolle. Ausgewählte Gase und feste Medien werden deshalb mit Feuchtebereichen in Beanspruchungsgrade BG eingeordnet.
Die Einordnung verschiedener Medien kann [3.5.] entnommen werden.

3.5.3. Festigkeitsgeminderte Randschicht und Resttragfähigkeit

Es zeigt sich bei allen Bedingungen eine starke Festigkeitsreduzierung in relativ schmalen Randzonen, während schon in 10 bis 15 mm Tiefe fast die Werte ungeschädigten Holzes erreicht werden.

Aufgrund von Vergleichsrechnungen wurden folgende **Gesetzmäßigkeiten** erkannt:

- Es ergibt sich in Abhängigkeit von der Einwirkdauer (Gebäude-Nutzzeit) und der vorherrschenden Luftfeuchte eine stark geschädigte und erheblich festigkeitsgeminderte Randzone.
- Die inneren Bereiche entsprechen nahezu ungeschädigtem Holz.
- Bei Tragfähigkeitsbetrachtungen korrosionsgeschädigter Holzbauteile kann von der Annahme einer korrodierten, nicht mehr tragfähigen Randschicht der Breite d ausgegangen werden.

Derartige Festigkeitsverläufe wurden an über 100 Querschnitten und zwar an Balkenscheiben und Bohrkernen ermittelt und ausgewertet. Da die Luftfeuchte und damit der Transport der Salze und anderer aggressiver Ionen in die Holzquerschnitte für die Korrosionsgeschwindigkeit maßgebend ist, werden drei Luftfeuchtebereiche festgelegt, die verschiedene Korrosionsraten bewirken.

Feuchtebereich	Luftfeuchte Φ [%]	Gebäudenutzung
Fb 1	<65	
Fb 2	65 ... 85	Industrie mit Löse- und Tränkprozessen; Stallanlagen
Fb 3	>85	Naßräume, Industrie mit hohem Dampfanfall, offene Rohsalzspeicher

Ein zusammenfassendes Ergebnis der Untersuchungen an Proben aus der Salzindustrie zeigt Bild 3.21.

Es ist hier die Zunahme der Korrosionsschichtdicke d im Laufe der zunehmenden Nutzzeit des Gebäudes (Korrosionsrate) bei verschiedenen Luftfeuchtebereichen aufgetragen. Diese Grafik enthält folgende Informationen:

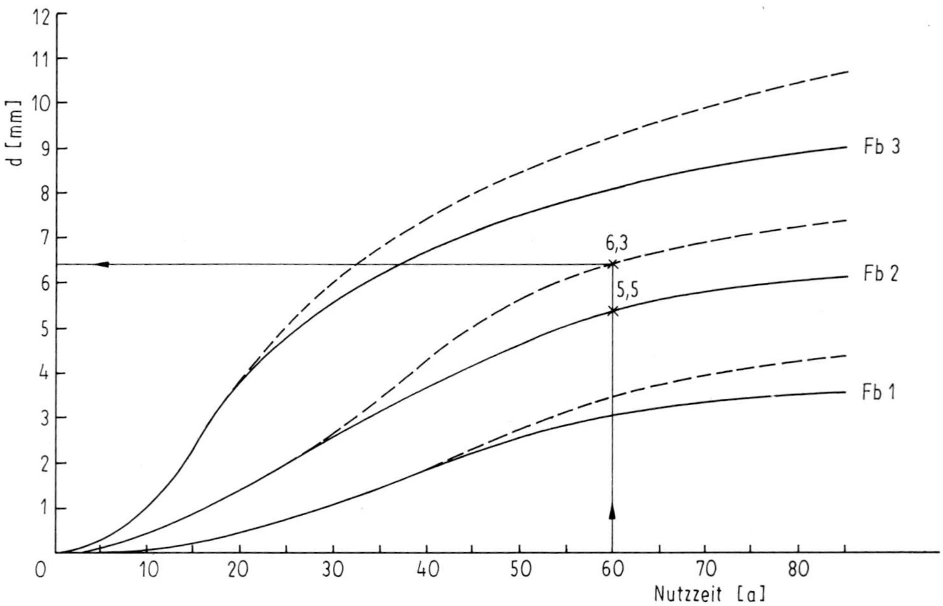

Bild 3.21. Zunahme der Korrosionsschichtdicke d im Laufe der Nutzzeit (Korrosionsrate) bei Salzeinwirkung und verschiedenen Luftfeuchten.
— mit wolliger bzw. —— ohne wollige Oberflächenschicht

1. Der Verlauf der Korrosionsrate ist nicht linear, sondern weist in den ersten 15 Jahren geringe Werte aus, nimmt dann unter anderem aufgrund der Hygroskopizität der schon eingelagerten Salze stärker zu, um danach, ab etwa 40 Jahren Nutzzeit, wieder geringer zu werden. Das bedeutet, daß ab etwa 40 Jahren Einwirkzeit die Korrosionsrate abnimmt.
2. Mit dieser Grafik kann die Korrosionsschichtdicke d bei Tragfähigkeitsbeurteilungen von Holzkonstruktionen für bestimmte Nutzzeiten und Luftfeuchtebereiche ermittelt werden. Die Holzquerschnitte sind dann umlaufend um die Breite d zu reduzieren und damit die Tragfähigkeitsnachweise zu führen.
In Bild 3.21. wird als Beispiel für ein Gebäude mit einer Standzeit von 60 Jahren und dem Luftfeuchtebereich Fb 2 [$\Phi = 65 \ldots 85\%$] bei Berücksichtigung der zerfaserten, wolleartigen Oberfläche eine nicht mehr tragfähige Randschicht der Dicke $d \approx 6$ mm auf der Ordinate gefunden.

Es ist möglich, nach Prüfung von aus der Holzkonstruktion entnommenen Proben, z. B. Bohrkernen, die nicht mehr tragfähige Randzone genau zu ermitteln oder aus einer Grafik als Näherung zu entnehmen.
Mit den um d reduzierten Holzquerschnitten kann die Rest-Tragfähigkeit vorhandener Konstruktionen nachgewiesen werden.

3.5.4. Korrosionsschäden an Dachlatten und Sparren bei Ziegeldächern

Die bei älteren Dächern mit Dachziegel-Eindeckung zu beobachtende Holzkorrosion wird oft als **Mazeration** bezeichnet. Dieser Ausdruck bezeichnet jedoch nur eine spezielle Art der Holzkorrosion und zwar die Lösung der Holzzellen voneinander durch die Zerstörung der Mittellamellen. Die hier auftretende Zerstörung ist auf verschiedene Prozesse zurückzuführen. Der Oberbegriff Holzkorrosion ist hier zutreffend.

Maßgebend für die Dachlatten-Korrosion sind Salzbildungen aus dem Dachziegelmaterial, z. B. Magnesiumsulfate, bzw. aus dem Verstrichmörtel in Form von Kalziumhydroxid, Stoffe, die infolge Durchfeuchtung oder über die feuchte Luft in die Holzbauteile eindringen. Verstärkt werden kann dieser Effekt durch Luftverschmutzungen, z. B. mit Schwefeldioxid.

Die jahrzehntelange Einwirkung bewirkt das Zerfasern der Holzoberflächen bis zur wolleartigen Struktur.
Meist dringt diese Zerstörung nur 2 bis 3 mm in das Holz ein. Es sind die vorhandenen Holzquerschnitte maßgebend. Bei Dachlatten mit ursprünglich nur 3×5 cm Querschnitt und relativ großen Sparrenabständen kann eine Neulattung erforderlich werden.
Bei geringer Korrosion sind die Salze mit Drahtbürsten o. ä. zu entfernen.

Bild 3.22. Holzstiel einer Dachkonstruktion mit Bohrloch; Zerfaserung der Holzoberfläche durch häufigen Holzschutzmittelauftrag.

3.5.5. Korrosion durch Holzschutzmittel

Wurden salzige Holzschutzmittel in der Vergangenheit zu häufig oder in zu hoher Konzentration auf Holzbauteile, z. B. Dachtragwerke, aufgebracht, kann, besonders bei hohen Luftfeuchten, eine erhebliche Holzkorrosion auftreten. Ein genauer Nachweis kann durch die Entnahme und Prüfung von Bohrkernen erfolgen (Bild 3.22.).

Auch hier ist die geschädigte Holzoberfläche zu entfernen. Bei tiefer Eindringung können Oberflächenfräsen eingesetzt werden. Bei diesen Arbeiten sind die Arbeits- und Gesundheitsschutzbestimmungen zu beachten; so sind unbedingt Schutzmasken und Schutzkleidung zu tragen!

Einer weiteren Schutzbehandlung bedarf es dann nicht, da Salze auch tiefer eingedrungen sind. Die Luftfeuchte sollte möglichst niedrig gehalten werden, und es ist für eine Durchlüftung zu sorgen.

3.6. Festigkeiten von Altholz

3.6.1. Holzfestigkeit unter Langzeitbelastung

Die Beurteilung der Tragfähigkeit von altem Konstruktionsholz ist im eingebauten Zustand schwierig, doch sind in letzter Zeit viele Untersuchungen an kleinen Proben und an ausgebauten Bauteilen erfolgt, z. B. [3.4., 3.6.], die Rückschlüsse zulassen. Des weiteren sind zerstörungsarme Untersuchungen wie die Bohrkernprüfung, die Bohrwiderstandsmessung und Ultraschallverfahren entwickelt und in die Baupraxis eingeführt worden, die die Ermittlung von Kennwerten ermöglichen.

Die Tragfähigkeit alter Holzkonstruktionen wird von mehreren **Faktoren** bestimmt, die beachtet werden müssen:

- Schädigungen durch Holzpilze und Holzinsekten
- tiefe Schwindrisse
- Holzfeuchte (Umrechnung siehe Abschnitt 3.1.)
- Aussparungen
- Ästigkeit.

Diese Einflüsse bewirken auch die großen Unterschiede der an kleinen, nahezu fehlerfreien Probekörpern gemessenen Festigkeiten und den Festigkeiten von ganzen ausgebauten Bauteilen.

Verallgemeinerungen oder gar Gesetzmäßigkeiten der Veränderung der mechanischen Kennwerte sind problematisch, da:

- die Ursprungsfestigkeiten zu Beginn der Belastung bei alten Bauteilen nicht bekannt sind
- die Belastungsgeschichte und äußeren Einflüsse für die Vergangenheit nur näherungsweise angenommen werden können
- es auch innerhalb des Holzmaterials einer Holzart je nach Wuchsbedingungen, Materialfehlern u. a. enorme Unterschiede gibt.

3.6.2. Erkenntnisse aus Prüfungen an alten Holzbauteilen

Es geht um die Beurteilung des „normalen", ungeschädigten Holzes, welches viele Jahrzehnte, oft Jahrhunderte in einem Bauwerk **Langzeitbelastungen** ausgesetzt war [3.4.].

1. Es läßt sich bisher nach Auswertung eigener Versuche und denen anderer Autoren keine Gesetzmäßigkeit der Festigkeitsabnahme von Holzbauteilen unter Langzeitbelastung ableiten oder gar mathematisch formulieren. Dabei spielt die Tatsache der Nichtkenntnis der Anfangsfestigkeiten des untersuchten Altholzes eine große Rolle wie auch die großen Unterschiede des Holzmaterials selbst

3.8. Beurteilung der Tragfähigkeit alter Holzkonstruktionen

In den vorangegangenen Abschnitten wurden einzelne Einflüsse und deren Auswirkungen auf alte Holzkonstruktionen im Laufe langer Standzeiten dargestellt.
Die Beurteilung der Gesamt-Tragfähigkeit erfordert neben der Beachtung der Einzelfaktoren:

- die richtige Erkennung des statisch wirksamen Systems
- die Berücksichtigung räumlicher Tragwirkungen
- Erfahrung zur Einschätzung der Schädigungen und des Zustandes der Verbindungen.

Zur schnellen Erfassung der notwendigen Klärungen am Bauwerk und ihrer Beachtung beim Nachweis der Tragfähigkeit ist in Tafel 3.3. ein Alogrithmus aufgestellt. Mit der Abarbeitung dieser Art Check-Liste werden bei alten Konstruktionen zusätzlich zu beachtende Angaben erfaßt.

Der damit geführte **Tragfähigkeitsnachweis** entspricht der realen Rest-Tragkraft wesentlich zutreffender als es bei einer oft gedankenlosen Übernahme von Werten aus Standards für Neubauten der Fall ist.

Besonders vorteilhaft läßt sich hier die **Computer-Statik** einsetzen. Die Simulation verschiedener Auflager- und Abstützungsarten mit unterschiedlicher Steifigkeit oder Verschieblichkeit ermöglicht eine realistische Annäherung mit geringem Aufwand.
Bei einer erforderlichen Tragkrafterhöhung läßt sich z. B. der Einfluß durch die Ausbildung steifer Ecken oder des Hinzufügens von Stäben leicht erkennen.

Tafel 3.3. Algorithmus zur Beurteilung der Tragfähigkeit alter Holzkonstruktionen

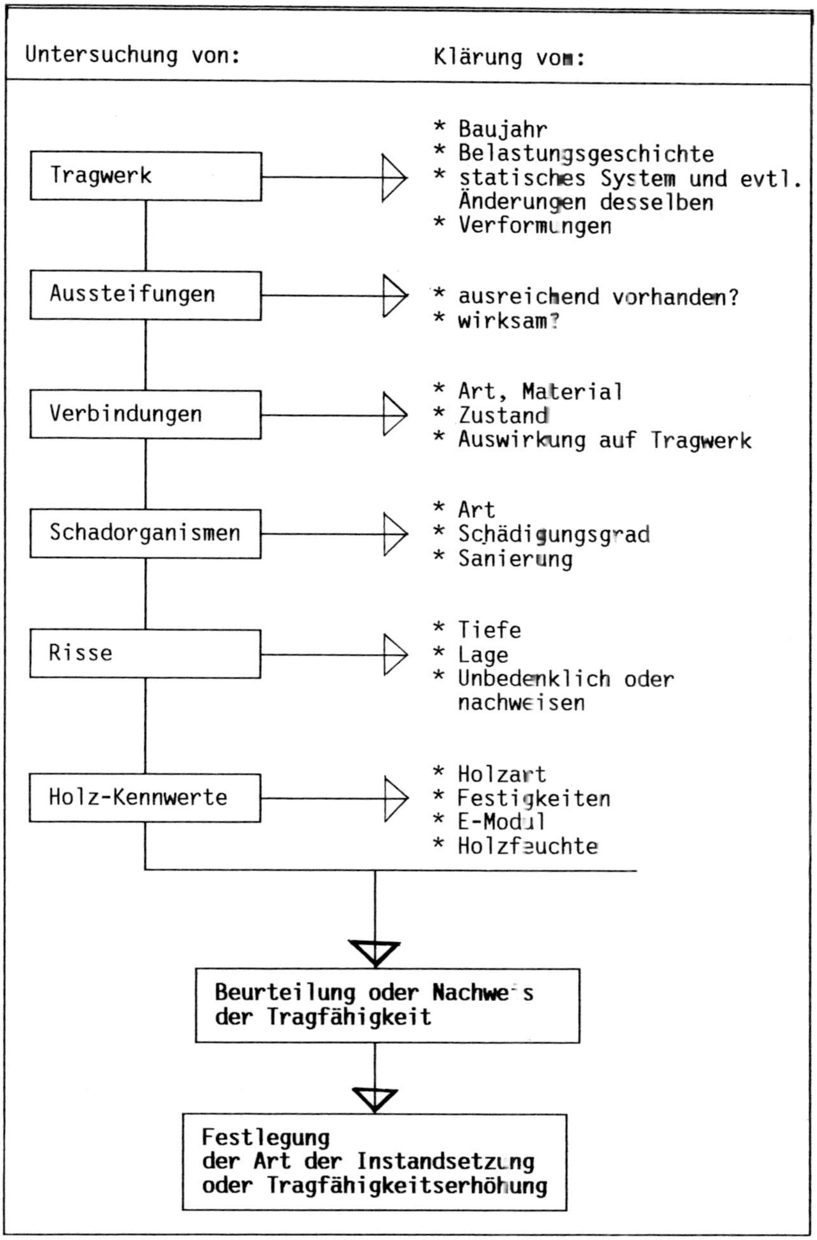

4. Tragfähigkeit ausgewählter Holzverbindungen

Bei der Beurteilung von alten Holzkonstruktionen ist es ungleich schwieriger, die Holzverbindungen bezüglich Zustand, Kraftübertragung und Verschiebungen oder Verformungen einzuschätzen als bei neuen Verbindungen, deren Materialien und Bemessungsregeln klar definiert sind.

In den vergangenen Jahren wurden umfangreiche Versuche mit alten Holzverbindungen durchgeführt und Bemessungsregeln abgeleitet, die in [4.1.] zusammengefaßt wurden. Bei deren Anwendung muß der Nachweisführende jedoch immer die Kenntnis über den Zustand der jeweiligen alten Konstruktion, lokale Schwachpunkte u. ä. einbringen. Immer ist bei alten Holzverbindungen im Zusammenhang zu beachten:

- Abmessungen
- Zustand des Holzes
- Passung, Schlupf, Verschiebung.

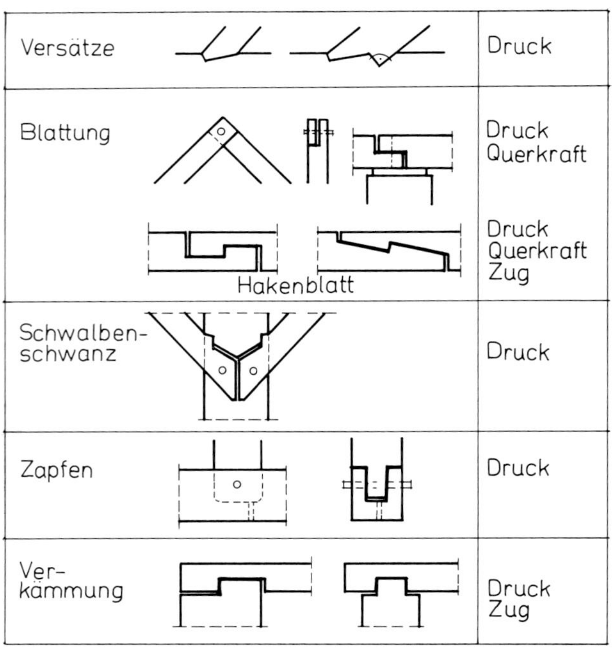

Bild 4.1. Wichtige historische Holzverbindungen.

In Bild 4.1. sind die wichtigsten historischen Holzverbindungen in ihrer einfachen Form dargestellt.
Berechnungsbeispiele finden sich u. a. in [4.2.].
Im folgenden werden zwei alte Verbindungen, bei denen häufig die Frage nach ihrer Lastaufnahmefähigkeit und ihrer technischen Ausführung steht, Versätze und Holznägel, dargestellt und Nachweise geführt.

4.1. Versätze

Versätze zählen zu den häufigsten Zimmermannsverbindungen. Sie können große Druckkräfte übertragen und werden auch wieder zunehmend im Ingenieurholzbau angewendet. Ihre Wirksamkeit setzt eine paßgenaue Fügung voraus.

Prinzipiell wird unterschieden:

- einfache Versätze mit einer Druckfläche
- mehrfache, meist doppelte Versätze.

Die Hauptarten und die Erklärung der Bezeichnungen sind in Bild 4.2. ersichtlich.
Die doppelten Versätze sind z. B. bei Hängewerken meist erforderlich.
Zur Lagesicherung muß jeder Versatz gegen seitliches oder nach oben gerichtetes Herausdrücken arretiert werden. Dies erfolgt bei kleineren Kräften durch zwei Sparrennägel oder Holzschrauben, bei größeren durch Schraubbolzen, durch Strebe und Gurtholz.
Sind bei großen Kräften außer dem Versatz noch Laschen mit Dübeln erforderlich, können letztere auch die Lagesicherung mit übernehmen. In DIN 1052 Teil 2 werden nur einige Sätze zur zulässigen Einschnitt-Tiefe gesagt.

Bei Versätzen muß **immer nachgewiesen** werden:

- die erforderliche Einschnitt-Tiefe t_v, über die zulässige Druckspannung in der Stirnfläche,
- die mindestens erforderliche Vorholzlänge l_v, die immer von der Einschnitt-Spitze gerechnet wird.

Die Mindest-Einschnitt-Tiefe ist 15 mm, die Vorholzlänge l_v soll mindestens 12 cm, bei etwa waagerechten Schwindrissen 20 cm lang sein. Rechnerisch angesetzt werden darf maximal die Länge $8 \cdot t_v$!

4.1.1. Stirnversatz

Die Kraftübertragung erfolgt über die kurze Versatzfläche, die sogenannte „Stirn“.
Die Kraft-Komponente rechtwinklig zur Stirnfläche ist maßgebend.

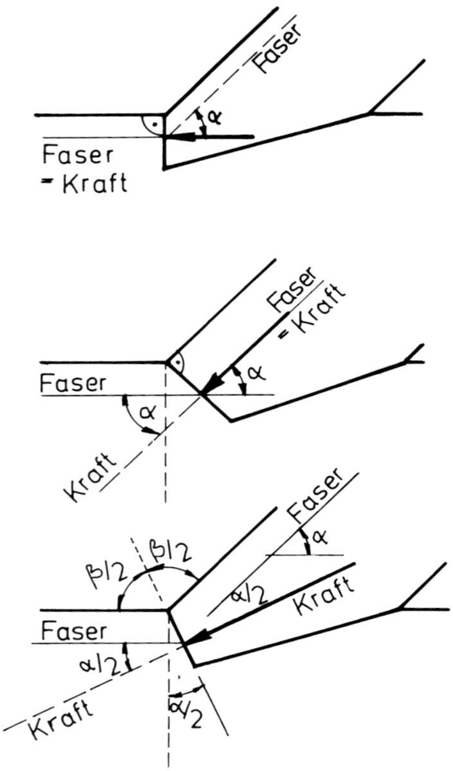

Winkel zwischen
Gurtholz und Stirn 90°

Strebe kann **weniger** Druck aufnehmen als Gurtholz

Winkel zwischen
Strebe und Stirn 90°

Gurtholz kann **weniger** Druck aufnehmen als Strebe

Größte Druckaufnahme!

Versatzfläche (= Stirn) in Richtung der **Winkelhalbierenden**

Gurtholz und Strebe mit Winkel β/2

Bild 4.3. Varianten der Stirnneigung beim Stirnversatz.

4.1.2. Doppelter Versatz

Beim Anschluß der Streben von Hängewerken findet man z. B. häufig doppelte Versätze.
Es gibt verschiedene Möglichkeiten der Einschnittart, bei breiten Streben-Querschnitten können Stirn- und Brustversatz hintereinander gesetzt werden, bei üblichen Kantholzabmessungen werden meist Stirn- und Fersenversatz kombiniert.
Damit die Scherebenen in verschiedenen Höhen liegen und die übertragbaren Kräfte S_1 und S_2 etwa gleich groß werden, ist der Rückversatz tiefer einzuschneiden, etwa

$$t_{v1} = 0{,}8 \cdot t_{v2}\,.$$

Ein großer Vorteil des Rückversatzes ist die größere zur Verfügung stehende Länge des Vorholzes.

Für den Nachweis der Vorholzlängen ist anzusetzen:

Stirnversatz: $H_1 = S_1 \cdot \cos \alpha$
Fersenversatz: $H = S \cdot \cos \alpha$!

Der Fersenversatz muß also zur Sicherheit die volle Horizontalkraft aus der Strebe aufnehmen können.

Die **Schritte des Nachweises** sind:

1. zul t_v ermitteln, abhängig von Gurthöhe und Strebenneigung

$t_v \leq 1/4\ h_G$ bei $\alpha \leq 50°$

bis zu

$t_v \leq 1/6\ h_G$ bei $\alpha > 60°$

Damit ist der tiefere Versatz t_{v2} begrenzt.

2. Mit t_{v2} berechnen von S_2

3. Restkraft $S - S_2 = S_1$ für Stirnversatz nachweisen.
Dabei $t_{v1} = 0{,}8 t_{v2}$

4. Vorholzlängen l_{v1} und l_{v2}.

Beispiel: Stirn-Fersen-Versatz

Gegeben: $S = 70$ kN $\alpha = 50°$ $\cos^2 \alpha/2 = 0{,}8214$
Strebe b/h = 16/16 cm
Gurt b/h = 16/22 cm

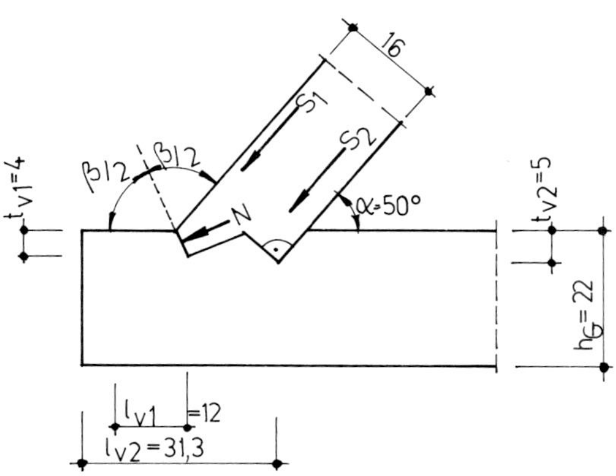

Bild 4.4. Doppelter Versatz (Stirn-Fersen-Versatz).

$$\text{zul } t_v = \frac{22}{4} = \underline{5{,}5 \text{ cm}}$$

Nur 1 Stirnversatz ist nicht ausreichend

$$\text{erf} \cdot t_v = \frac{70 \cdot 0{,}8214}{16 \cdot 0{,}575} = 6{,}24 \text{ cm} > 5{,}5 \text{ cm}$$

Dabei ist zul $\alpha_{d25^\circ} = 0{,}575 \text{ kN/cm}^2$

Fersenversatz:

t_{v2} gewählt = 5,0 cm
$\sigma_{dzul50^\circ} = 0{,}35 \text{ kN/cm}^2$

$$S_2 = \frac{t_{v2} \cdot b \cdot \sigma_d \text{ zul } 50^\circ}{\cos \alpha} = \frac{5 \cdot 16 \cdot 0{,}352}{0{,}6428}$$

$$\underline{S_2 = 43{,}6 \text{ kN}}$$

Stirnversatz:

$$S_1 = 70 - 43{,}6 = \underline{26{,}4 \text{ kN}}$$

$$t_{v1} \approx 0{,}8 \cdot t_{v2} = 0{,}8 \cdot 5{,}0 = 4{,}0 \text{ cm}$$

$$\text{zul } S_1 = \frac{4 \cdot 16 \cdot 0{,}575}{0{,}8214} = 44{,}8 \text{ kN} > 26{,}4 \text{ kN}$$

Es erweist sich, daß die Einschnitt-Tiefen noch reduziert werden können.

Vorholzlängen:

$$l_{v1} = \frac{26{,}4 \cdot 0{,}6428}{16 \cdot 0{,}09} = 11{,}8 \text{ cm}, \qquad \text{mind. } l_{v1} = 12 \text{ cm !}$$

$$l_{v2} = \frac{70 \cdot 0{,}6428}{16 \cdot 0{,}09} = 31{,}3 \text{ cm}$$

Hinweis: Eine Vereinfachung der Berechnung für den Stirn- und für den Rückversatz ergibt sich bei Anwendung von Tafelwerten nach *M. Göggel* [4.4.].

4.2. Holznägel

Holznägel wurden in Fachwerkbauten, aber auch in großen Dachtragwerken fast ausschließlich zur Lagesicherung, zur Verbindung von zwei oder drei Holzbauteilen eingesetzt und zur Aufnahme von Windkräften.
Sie bestehen überwiegend aus Eichenholz. Holznägel aus Nadelholz weisen wesentlich geringere Tragfähigkeit auf und werden schneller durch Schadorganismen zerstört.
Holznägel haben den Vorteil des Nicht-Korrodierens bei Wasserangriff oder aggressiver Umwelt. Sie sind handbearbeitet und laufen leicht konisch zu, was für den Sitz und für ein Nachschlagen günstig ist.
Häufig sind sie etwa achteckig, dabei wird ein guter Paßsitz erreicht, wenn der Bohrlochdurchmesser dem Abstand der gegenüberliegenden Seiten des Nagels entspricht.

Bild 4.5. zeigt einige Formen von Holznägeln.

Bruchversagen
Als Versagensarten gibt es Biegebrüche im Holznagel oder Versagen der Lochleibungsfestigkeit im Holz (Bild 4.6.).

Bild 4.5. Formen von Holznägeln.
1 Eichenholznagel, handbehauen, ∅ 26 mm am Ende; 2 Neuer, achteckiger Eichennagel ∅ 24 mm; 3 Zierkopf-Nagel Eiche ∅ 22 mm (Franken); 4 Eichennagel, achteckig, ∅ 40 mm, Länge 40 cm; nach [4.7.]

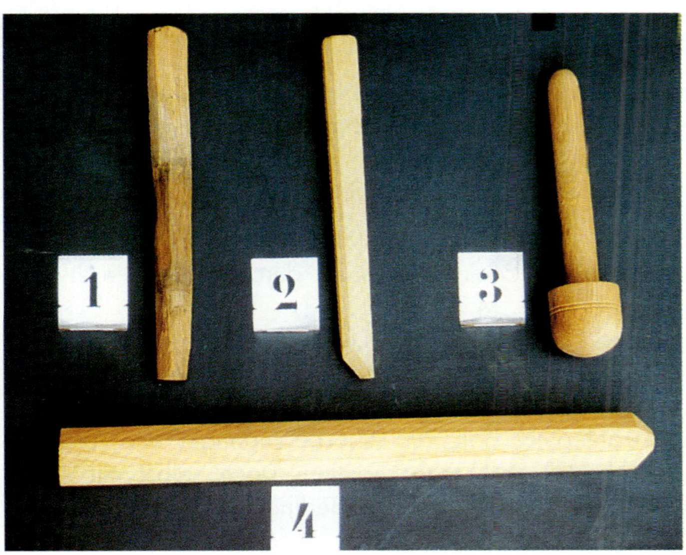

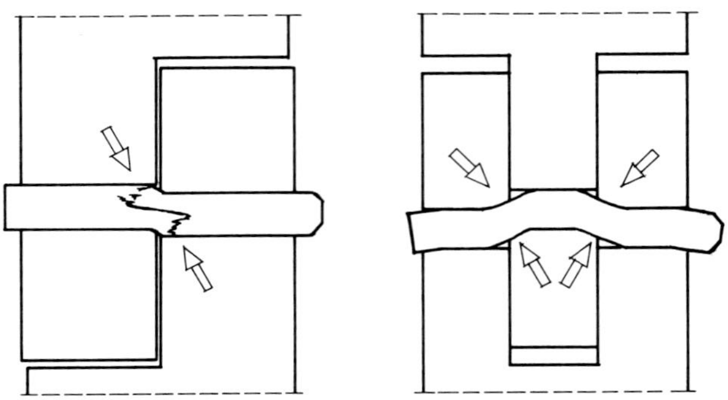

Bild 4.6. Verformungsbild bzw. Bruch von Holznägeln, nach [4.6.].
a) Blattverbindung
Eichenholznagel ∅ 24 und größer: Biegebruch im Holznagel;
b) Zapfenverbindung
Eichenholznagel ∅ 20 mm: große Verformung und Erreichen der Lochleibungsfestigkeit.

Tragfähigkeit von Holznägeln

Holznägel, auch aus Eiche, mit üblichen Durchmessern sind Verbindungsteile mit geringer Tragfähigkeit.

Für einen Eichennagel von ∅ = 20 mm und üblichen Holzabmessungen kann eine Kraft in Faserrichtung je nach Holzabmessung zwischen 0,2 kN und 0,32 kN zugelassen werden (nach [4.5.]).
Die Größenordnung macht deutlich, daß Nägel dieser Durchmesser kaum als wirklich tragende Verbindung anwendbar sind.

Allgemein gilt bei Holznägeln:

- Die Tragfähigkeit steigt nahezu linear mit dem Nageldurchmesser.
- Die Tragfähigkeit ist von der Rohdichte des Nagels und der Holzbauteile abhängig.
- Die Verschiebungsgröße wird bei gleicher Spannung mit abnehmendem Nageldurchmesser größer.

Es wurden Versuche mit größeren Nageldurchmessern durchgeführt, die erstaunlich hohe Bruchlasten ergaben [4.6.], [4.7.]:
So erbrachten Holznägel aus Eiche mit 30 mm Durchmesser bei Bauteilen aus Nadelholz Kurzzeit-Bruchwerte um 12 kN, in Eichenholzbauteilen sogar Werte zwischen 16 kN und 20 kN!
Daß es sich hier um ausgewählt gutes Holz, um Laborbedingungen und vor allem um eine Kurzzeitfestigkeit handelt, ist herauszustellen. Doch selbst mit einem Sicherheitsfaktor von 4 sind unter den genannten Bedingungen hohe zulässige Tragwerte möglich.

Aufgrund der genannten Versuche und eigener Erfahrungen wird der folgende **Vorschlag für die Bemessung von tragenden Holznägeln aus Eiche** gemacht:

Bedingungen für Holznägel:

Material: trockene Eiche, achteckig
Durchmesser: $\alpha \geq 28$ mm

Schlankheit: $= \frac{a_m}{d} \leq 2{,}5$

Paßsitz:

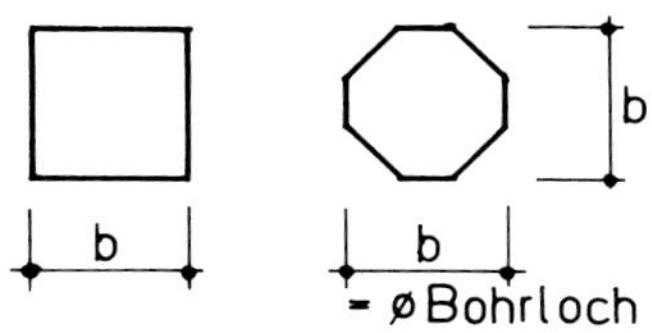

Zulässige Belastung:

	zul F_1	zul F_1
1schnittig	$0{,}8 \cdot a \cdot d_n$	$1{,}0 \cdot d_n^2$
2schnittig	$1{,}0 \cdot a \cdot d_n$	$1{,}3 \cdot d_n^2$
	$0{,}6 \cdot a_m \cdot d_n$	

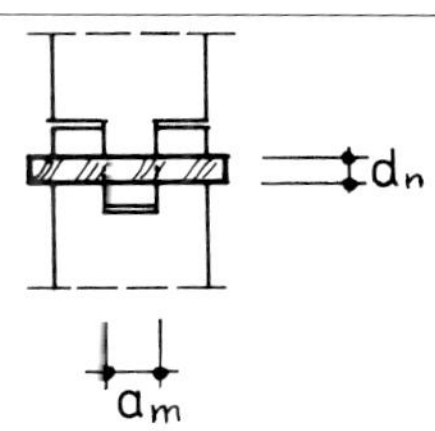

Werte gelten für **Bauteile** aus Nadelholz!
Für Bauteile aus Eiche Werte 1,2fach!
Werte gelten für $F_{\parallel}$; für $F_{\perp} = 0{,}75 F_{\parallel}$!

a, d in [mm]; F in [N]

Bei Holznägeln kleinerer Durchmesser sind die Formeln nicht anzuwenden! Die Struktur des Holzes und die möglichen Holzfehler lassen dies nicht zu!

4. Baumaterial-Kennwerte

Baualter 80 Jahre, normales Innenklima, nur gering und lokal begrenzt Anobien-Fraßgänge
Einordnung noch in Holz **(NH) Gkl. II** (DIN 4074)
Holzfeuchte $u \approx 12\%$
zul $\sigma_b = 10\ N/mm^2$ $E = 10000\ N/mm^2$

5. Nachweise

5.1. Biegespannung

$$\max M = \frac{q_1 \cdot l^2}{8} = \frac{3{,}53 \cdot 7{,}0^2}{8} = 21{,}62\ kNm$$

$$\text{vorh}\ \sigma_b = \frac{2162}{2352} = \underline{0{,}92\ kN/cm^2} = \underline{9{,}2\ N/mm^2}$$

$$\underline{< \text{zul}\ \sigma = 10{,}0}$$

5.2. Schubspannung

$$\tau = \frac{Q \cdot S}{J \cdot b} = \frac{Q \cdot \frac{h}{2} \cdot b \cdot \frac{h}{4}}{\frac{b \cdot h^3}{12} \cdot b} = \frac{3 \cdot Q}{2 \cdot A}$$

$$\tau = \frac{3 \cdot 3{,}53 \cdot 7{,}0}{2 \cdot 2 \cdot 18 \cdot 28} = 0{,}037\ kN/cm^2 = \underline{0{,}37\ N/mm^2}$$

$$< \underline{0{,}9\ N/mm^2}$$

Fast immer ist im Holzbau bei **schlanken** Biegeträgern die zulässige Durchbiegung bei der Bemessung maßgebend.

Schlankheit $l/h = \frac{700}{28} = 25 > 16 \rightarrow$ für q und $l/300$

für Balken auf 2 Stützen der Grenzwert, ab welchem die Durchbiegung maßgebend ist.

5.3. Durchbiegung

a) elastische Durchbiegung
entsprechend der bekannten Formeln

$$\text{z. B.}\quad f_{el} = \frac{5}{384}\,\frac{q \cdot l^4}{E \cdot J}$$

$$= \frac{5}{384}\,\frac{3{,}53 \cdot 700^4}{1000 \cdot 100 \cdot 32928} = 3{,}35 \text{ cm}$$

für Neubau: $\text{zul } f = l/300 = \frac{700}{300} = 2{,}33 \text{ cm !}$

b) Schubdurchsenkung
bei schlanken Vollholzbalken vernachlässigbar!

c) Kriechverformung
für Einfeldträger und q

Kriechzahl $\Phi = \frac{1}{K} - 1 \qquad K = \frac{3}{2} - \frac{g}{q}$

Nur erforderlich, wenn $g/q > 0{,}5$, also Eigengewicht größer als 50% der Gesamtlast.
Hier $1{,}2/4{,}7 = 0{,}255$

Nach DIN 1052 Abschnitt 8.5. ist die zulässige Durchbiegung für Decken unter/über Büro- und ähnlichen Räumen nur l/300! (allgemein für Gesamtlast l/200).
Akzeptabel bei Altbalken:

$$l/200,\ \text{hier}\quad \frac{700}{200} = 3{,}5 \text{ cm !}$$

Damit vorh $f = 3{,}35 \text{ cm} < 3{,}5 \text{ cm}$

Man sollte sich bewußt sein, daß die **ermittelten Durchbiegungen Rechenwerte** sind, die auf idealisierten Annahmen basieren. Die tatsächlich auftretenden Durchbiegungen, besonders beim Baustoff Holz, können erheblich größer sein. Dazu tragen nicht genau erfaßbare Einflüsse bei, wie

- Streuungen im Material
- klimatische Einwirkungen

- Langzeitlasten
- Vertiefung von Schwindrissen
- Veränderungen an Verbindungen.

5.4. Instandsetzung geschädigter Balkenköpfe

Durch Schadorganismen geschädigte oder zerstörte Balkenköpfe in Außenwänden sind und werden noch lange ein Schwerpunkt in der Sanierung bleiben.
In diesem Abschnitt soll eine Übersicht über die Möglichkeiten gegeben und einige Methoden genauer behandelt werden.

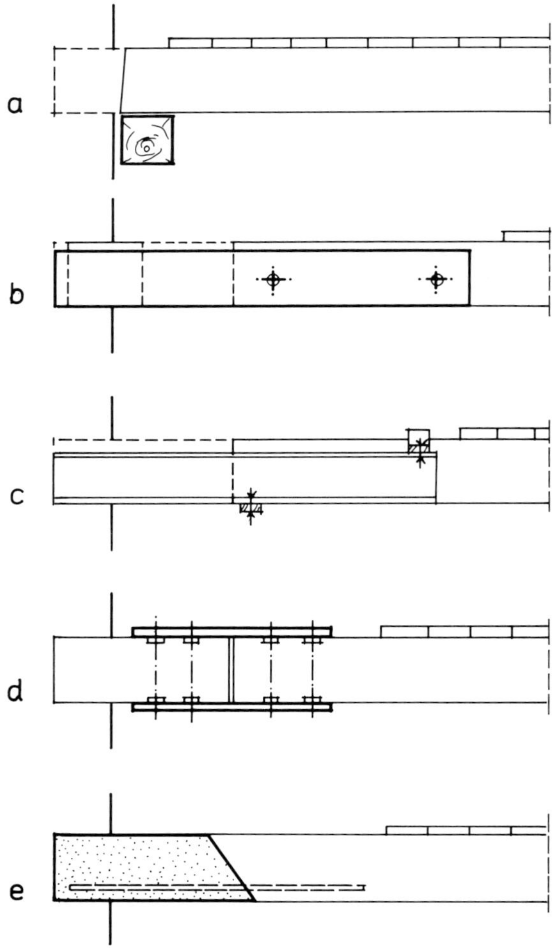

Bild 5.3. Instandsetzungsarten von Balkenköpfen.
a) Unterzug; b) Laschen; c) Zwickauer Balkenschuh; d) Stahllaschen oben und unten; e) Polymerbeton

In Bild 5.3. sind die wesentlichen Instandsetzungsarten von zerstörten Balkenköpfen zusammengestellt.

5.4.1. Laschen aus Holz oder Holzwerkstoffen

Das Abschneiden des zerstörten Balkenkopfes und das beidseitige Anlaschen mit Holzbohlen ist die traditionell übliche und auch heute noch am häufigsten angewendete Methode.

Hier ist zunächst zu entscheiden, wie weit der Balken entfernt werden muß. Dies richtet sich nach der Art des biologischen Holzzerstörers und sollte von einem Holzschutzfachmann festgelegt werden.
Weit über den sichtbaren Befall hinaus (im Regelfall 1,0 m) ist der Balken bei Befall durch Echten Hausschwamm zu entfernen.

Eine weitere, sich vor allem kostenmäßig erheblich auswirkende Entscheidung, ist die der **Freilegungslänge der Deckenbalken,** also die erforderliche Laschenlänge am Altbalken. Auch heute trifft man noch auf eine alte Faustregel, die besagt, etwa das 3fache der Abschnittslänge muß die Laschenlänge am Altbalken betragen. Also bei einer Abschnittslänge von 80 cm müßte die Decke (Dielung, Einschub, Auffülle) noch auf eine Tiefe von 2,40 m freigelegt, entfernt und wieder neu aufgebaut werden (+ zuzüglich 80 cm Abschnittsbereich). Daß diese großen Öffnungsbreiten erhebliche Kosten verursachen, liegt auf der Hand.
Die genannte Faustregel ist nicht mehr anzuwenden.

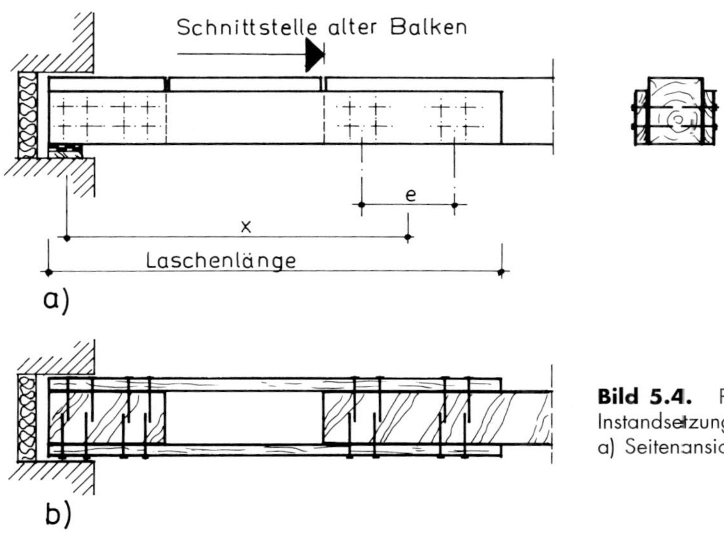

Bild 5.4. Prinzip Balkenkopf-Instandsetzung mit Holzlaschen.
a) Seitenansicht; b) Horizontalschnitt.

Entscheidend ist es, einen **biegesteifen Stoß** herzustellen, der das Moment und die Querkraft an der Stelle x aufnimmt (siehe Bild 5.4.).
Das Moment müssen zwei Verbindungspunkte im Abstand e zwischen Altbalken und Laschen aufnehmen.
Die Kraft P_1 bzw. P_2, die ein solcher Verbindungspunkt zu übertragen hat, ergibt sich angenähert zu

$$P_1 \approx P_2 = \frac{M_x}{e} + \frac{Q_x}{2}$$

$$\left(\text{aus } P_1 = \frac{M_x + Q_x \cdot \frac{e}{2}}{e}\right)$$

Die Verbindungskraft P_1 bzw. P_2 kann durch verschiedene Verbindungsmittel übertragen werden. Je größer der Abstand e, desto weniger Verbindungsmittel werden benötigt, desto größer wird aber die Laschenlänge.
Als **Verbindungsmittel** haben sich bewährt: Nägel, Sechskantholzschrauben, Einpreßdübel.
Bolzen, bei denen der Bohrlochdurchmesser im Holz größer ist als der Bolzendurchmesser, sind nicht mehr zulässig!

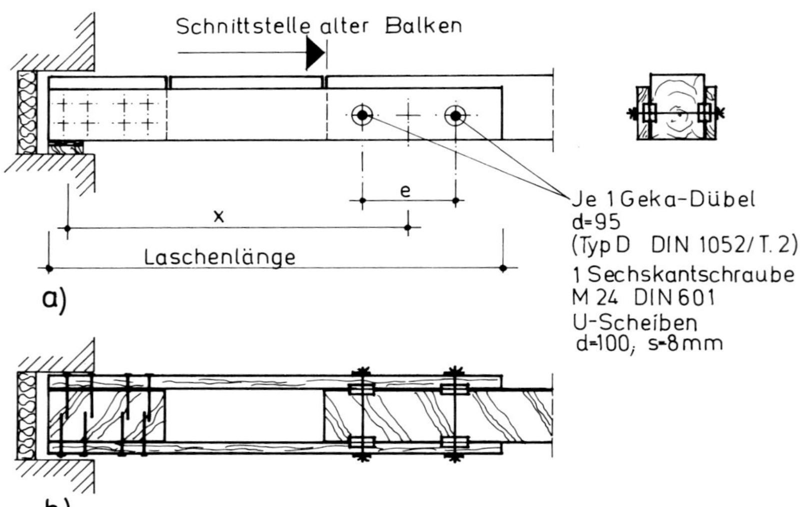

Bild 5.5. Balkenkopf-Instandsetzung mit Holzlaschen und Dornringdübeln (Projekt-Beispiel).

Beispiel: Holzlaschen mit Dornringdübeln (Bild 5.5.)

1. Örtliche Angaben

Spannweite l = 5,54 m
Querschnitt Balken b/h = 24/28 cm
Achsabstand der Balken a = 0,90 m
Schnittstelle: 1,0 + 0,1 = 1,10 m

2. Lasten

Je Balken q_1 = 4,1 kN/m^2 · 0,9 m = 3,69 kN/m

3. Schnittkräfte

$$A = B = \frac{3{,}69 \cdot 5{,}54}{2} = 10{,}22\ \text{kN}$$

Anlaschung beidseitig Holzbohlen
x = 1,10 + 0,20 + 0,3 = 1,60 m
l – x = 3,94 m
e = Abstand der Befestigungen = 0,60 m

$$Q_x = A - q \cdot x = 10{,}22 - 3{,}69 \cdot 1{,}60 = \underline{4{,}31\ \text{kN}}$$

$$M_x = \frac{3{,}69 \cdot 1{,}6 \cdot 3{,}94}{2} = 11{,}63\ \text{kNm}$$

Für 1 Befestigungsstelle:

$$P = \frac{M_x}{e} \; \frac{Q_x}{2}$$

$$P = \frac{11{,}63}{0{,}6} + \frac{4{,}31}{2} = 21{,}53\ \text{kN}$$

4. Bemessung

a) Laschen

gewählt b/h = 2 · 7/24 cm
A = 2 · 168 = 336 cm^2; W_y = 2 · 672 = 1344 cm^3

$$\sigma_b = \frac{1163}{1344} = 0{,}86\ \text{kN/cm}^2 < 1{,}0$$

$$\max \tau = \frac{1{,}5 \cdot 10{,}22}{\sim 336} = 0{,}046\ \text{kN/cm}^2 < 0{,}09$$

b) *Verbindungsmittel*
Gewählt Einpreßdübel Dübeltyp D nach DIN 1052 Teil 2
d = 95 mm; zul P = 17,5 kN für Winkel Kraft zu Faser: 90°

P = 21,53 kN < 2 * D 95 = 35 kN

Die Verbindungsmittel wurden reichlich bemessen, als Reserve für Querkraft-Aufnahme und um die Querzugbeanspruchung im Holz gering zu halten.

Hinweis zur Wahl des Abstandes e:
Bei üblichen Deckenspannweiten von 4,50 m bis 6,0 m sollte der Abstand e der Verbindungsmittel-Gruppen (je nach Abschnittslänge und damit Größe des Momentes) zwischen 60 und 80 cm liegen.
Das bedeutet, daß die Öffnungsweite der Decke hinter der Abschnittstelle des Balkens nur 1,0 m bis 1,2 m betragen muß.

Hinweis zum Material der Laschen:
Holzbohlen
Holz hoher Güte, möglichst GKl. I, da das Problem Äste und Querzug berücksichtigt werden muß. Die Mindestdicke sollte 5 cm sein, bei Dübeln besonderer Bauart ist die Mindestdicke vorgeschrieben.
Preß-Schichtholz
Preßschichtholz ist aufgrund der hochwertigen Verklebung, der sich kaum auswirkenden Holzfehler und der erheblich höheren zulässigen Spannungen zu empfehlen.

5.4.2. Seitliche Laschen aus Stahlprofilen

Stahlprofile, bevorzugt werden U-Profile eingesetzt, sind schnell montierbar, hochtragfähig und können im Mauerwerk nicht von Schadorganismen geschädigt werden.

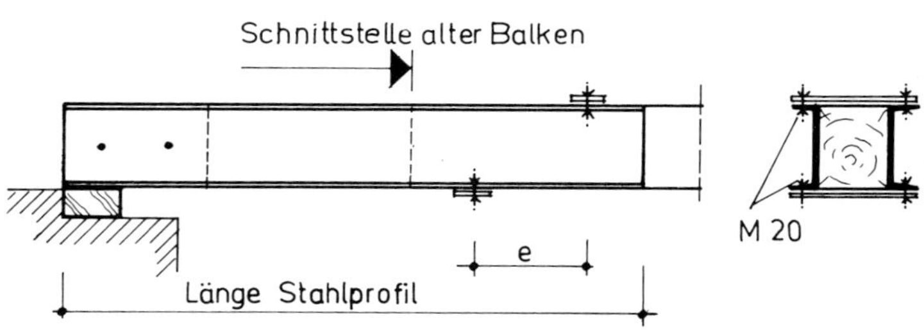

Bild 5.6. Balkenkopf-Instandsetzung; Beispiel seitliche Stahlprofile mit unterer und oberer Querlasche im Abstand e (Projekt-Beispiel) – Prinzip Zwickauer Balkenschuh.

Bild 5.7. Praxis-Anwendung „Zwickauer Balkenschuh" bei einer Dübbeldecke.
a) Ansicht von oben: seitliche U-Profile und Querblech am Profilende im Feld; b) Ansicht von unten: U-Profile mit Querblech kurz hinter Abschnittstelle des Balkens

Mögliche Verbindungsmittel sind angeschweißte Dorndübel oder in enge Bohrlöcher einzutreibende Stahlschrauben. Nachteilig ist, daß mit Holz aufgefüttert werden muß, um Fußböden befestigen zu können.
Eine spezielle Konstruktionsart mit Stahlprofilen ist der sogenannte **Zwickauer Balkenschuh.** Hier wird das Moment von dicken Blechen übertragen, die im Abstand e unter bzw. über den Stahlträgern aufgeschraubt sind (siehe Bild 5.6.).

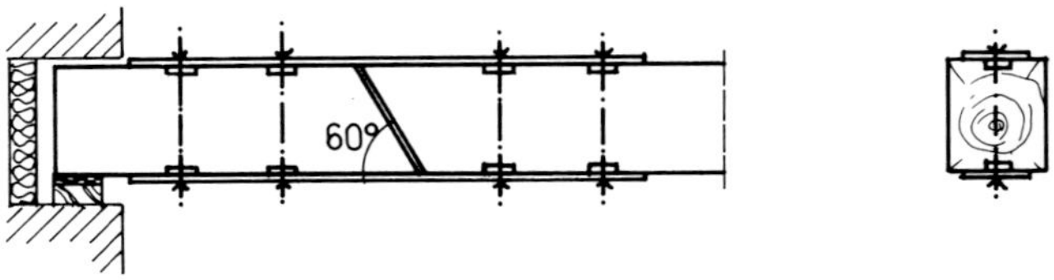

Bild 5.8. Neuer Balkenkopf aus Holz mit Verbindung über obere und untere Längs-Stahllasche und Dornringdübeln (Projekt-Beispiel).

Diese Variante kann auch bei großen Schadlängen und bei engem Balkenabstand angewendet werden. Sogar bei Dübbeldecken hat sich diese Ausführung bewährt (Bild 5.7.).

5.4.3. Neuer Balkenkopf aus Holz mit oberer und unterer Längs-Stahllasche

Diese Variante (Bild 5.8.) ist auch bei engem Balkenabstand leicht ausführbar.

Der Einschub muß nicht entfernt werden.

Die Bohrungen durch das Holz zur Aufnahme der Bolzen sind sehr genau auszuführen, damit die 4 Bolzen gut durch die an die Laschen angeschweißten Dübel und durch den Balken gesteckt werden können.

Die Blechdicke sollte mindestens 8 mm betragen.

Die zu übertragenden Kräfte, Druck bzw. Zug, ergeben sich aus

$$D = Z = \frac{M}{h + d}$$

h = Balkenhöhe; d = Blechdicke

Anzahl Verbindungsmittel

$$n = \frac{D}{N_1}$$

N_1 = Tragkraft eines Verbindungsmittels z. B. Dornringdübel

5.4.4. Polymerbeton und Bewehrung (Beta-Verfahren)

Der Ersatz von zerstörten Holzbauteilen, insbesondere von Balkenköpfen, durch Polymerbeton und Anschluß-Bewehrung, wird seit 1974 erfolgreich praktiziert. Diese Methode geht auf eine Patentanmeldung des Niederländers *Klapwijk* aus dem Jahre 1972 zurück. Das Verfahren wird nach dem Ursprungsbetrieb auch Beta-Verfahren genannt.

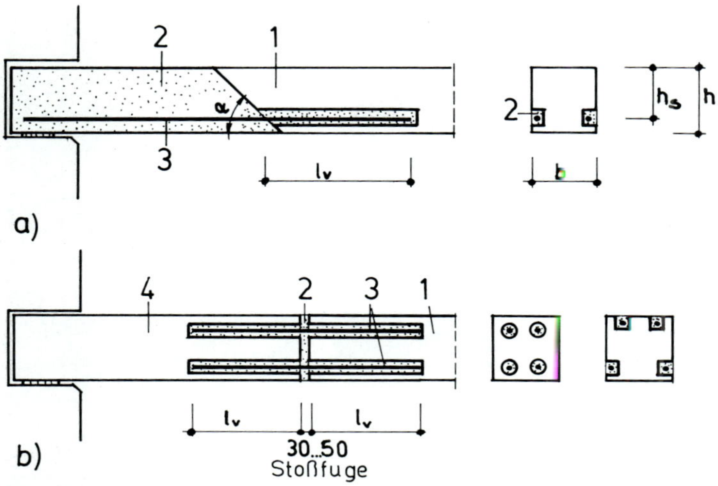

Bild 5.9. Prinzip-Skizze sanierter Balkenkopf mit Polymerbeton.
a) Neuer Balkenkopf aus Polymerbeton; b) Neuer Balkenkopf aus Holz und Anschluß am Altbalken mit Stoßfuge aus Polymermörtel und Bewehrung
1 abgeschnittener Altbalken; 2 Polymermörtel; 3 Bewehrungsstäbe in Bohrlöcher oder seitliche Nuten in Polymermörtel eingeklebt; 4 neues Holzteil

Es beruht prinzipiell auf dem guten Haftverbund zwischen Kunstharzen und Holz. Auftretende Zug- oder Biegezugspannungen werden durch ebenfalls in Kunstharzmörtel eingeklebte Bewehrungsstäbe aufgenommen. Die Bewehrung kann in Bohrlöcher oder in seitlich in den Balken eingefräste Nuten eingelegt werden.

Diese Methode ermöglicht:

- den weitgehenden Erhalt der Konstruktion
- eine geringe Öffnungsbreite bei Balkendecken; nur 45 cm hinter der Balken-Schnittstelle
- die Erhaltung der Form des ursprünglichen Bauteils ohne Zusatz-Bauteile und Verbindungsmittel
- eine schnelle Erhärtung und Wiederbelastbarkeit.

Eine Prinzip-Skizze zeigt Bild 5.9.
Ein Prüfbalken mit Balkenkopf aus Polyesterharzbeton und Schrägschnitt zeigt Bild 5.10., ein mit PC (= Polymer Concret)-Beton sanierter Balkenkopf Bild 5.11.

Verwendete Materialien:

a) Polymere
Expoxidharze (Zulassung Z-10.7.2-41 IfBt)
Polyesterharze (Zulassung 199/88 Bauaufsicht)

Bild 5.10. Prüfbalken in der Druckpresse mit Meßuhren zur Registrierung der Verformungen. Balkenkopf aus Polyesterharzbeton mit Schrägschnitt und in eingefrästen Nuten eingeklebter Bewehrung.

Bild 5.11. Ein mit Polymerbeton sanierter Balkenkopf mit eingelegter Holzlatte zur Befestigung des Fußbodens.

b) *Zuschlagstoffe*
trockene, gereinigte Quarzsande
Körnung ähnlich Zementbeton
bei Mörtel Größtkorn 4 mm

c) *Bewehrung*
Profilierter Betonstahl
Glasfaserverstärkte Polyester-Stäbe

Mischungsverhältnis Harz : Zuschlagstoffe zwischen 1 : 3 und 1 : 7., abhängig von Harzart und den zu verfüllenden Hohlräumen (siehe Zulassungen!).

Eine Modifizierung des Beta-Verfahrens bei Balkenköpfen, aber auch bei Stößen, besteht darin, daß zwei Holzbauteile nur im Stoß durch eine wenige Zentimeter breite **Polymermörtel-Fuge** und beidseitig in den Hölzern einbindende Bewehrung verbunden sind (Bild 5.9.b.).

Nachzuweisen sind:

- die erforderliche **Zugbewehrung** (analog Stahlbeton) für Zugkraft

$$Z = \frac{M}{z} + N_{(=Zug)} + \frac{Q}{2}$$

$$\text{erf } A_s = \frac{Z}{\sigma_s} = \frac{M_a}{\sigma_s \left(h_s - \frac{x}{3} \right)}$$

- **Querkraft-Nachweis**

  Q_{max} = Auflagerkraft

  zul $\sigma_{t\ \text{UP-Beton}} = 3\ \text{N/mm}^2$

  $Q_1 = \alpha_1 \cdot b \cdot h_s \cdot \sigma_{t\ \text{UP-Beton}}$ $\qquad \alpha_1 = 0{,}3$

  $Q_{max} < Q_1$

  Infolge hoher Festigkeiten und der großen Balkenquerschnitte bei üblichen Balkendecken ist im PC-Beton keine Zusatzbewehrung erforderlich.

- **Nachweise auf Haftung** (Verankerungslänge l_v):
  Es sind zwei Nachweise zu führen

  a) *Verbund Bewehrungsstab/PC-Mörtel*
  mit zul τ_1 nach Zulassung

$$l_{v1} = \frac{\sigma_{s\,vorh} \cdot A_s}{\tau_1 \cdot \pi \cdot d_s}$$

  d_s = Durchmesser Bewehrungsstab

b) Verbund Holz/PC-Mörtel
mit zul τ_2 nach Zulassung

$$l_{v2} = \frac{\sigma_{s\,vorh} \cdot A_s}{\tau_2 \cdot U}$$

U = Umfang Bohrloch oder Holzflächen der eingefrästen Nut

Die für die gewählte Bewehrung ermittelten Verankerungslängen l_v sollen nicht über 20 cm liegen. Konstruktiv wird die **Verankerungslänge** der Stäbe in Holz mit mindestens 40 cm vorgeschrieben.

Die Bemessung und Ausführung erfolgt nach den genannten Zulassungen [5.2.].

Brandverhalten:
Aufgrund des hohen Anteils an nicht brennbaren Füllstoffen ist das Verhalten im Brandfall relativ gut. In zwei Prüfbescheiden wurde formuliert: „Das Brandverhalten des Kunstharzbetons ist nicht ungünstiger als das von Holz."

Langzeitverhalten:
Bei Einhaltung der vorgeschriebenen Bedingungen polymerisiert das Harz mit dem Härter und eventuell Beschleuniger völlig und verändert sich danach kaum noch. Es sind umfangreiche Versuche durchgeführt worden, und derart sanierte Baukonstruktionen stehen seit 20 Jahren unter Last ohne Feststellung von Schäden.

Weitere Hinweise und Beispiele in [5.3, 5.4].

5.5. Erhöhung der Tragfähigkeit von Balkendecken

Eine Erhöhung der Tragfähigkeit von vorhandenen Balkendecken kann notwendig werden bei

- vorgesehenen Lasterhöhungen
- zu großen Durchbiegungen
- geschwächten Querschnitten z. B. durch Fraßgänge
- durch Entfernung von Stützen oder Wänden bei geänderter Nutzung.

Die Möglichkeiten sind vielfältig, doch sollte man die Gesamt-Aufwendungen und, wo erforderlich, denkmalpflegerische Gesichtspunkte vor einer Entscheidung sorgfältig erfassen.

In Tafel 5.1. sind wesentliche Verstärkungsarten mit Aufwendungen und Vorteilen zusammengestellt.

Tafel 5.1. Verstärkungsarten bei Balkendecken

Art der Maßnahme	Aufwendungen	Vorteile
Entlasten	Aufbau reduzieren, schweres Füllmaterial entfernen und evtl. durch leichte Materialien ersetzen.	keine konstruktiven Veränderungen
Balken-Zulagen	Fußboden, Unterdecke und Einschub müssen entfernt werden = großer Aufwand	Altsubstanz und Geometrie der Decke werden erhalten
Verstärken der Balken mit seitlichen Profilen	Fußboden und Einschub müssen entfernt werden; hochsteifen der Altbalken; = großer Aufwand	große Tragkrafterhöhungen sind möglich
Polymer-Druckbeton	Fußboden enfernen; nur Teil der Auffüllung entfernen; hochsteifen; geringer Aufwand	große Trackrafterhöhung; Konstruktion kann großenteils erhalten bleiben
Verbund Balken mit Betonplatte und Dübeln	Fußboden entfernen; Vorbohren und Einkleben von Dübeln; Betonplatte mit hoher Eigenlast aufbringen	mittelgroße Tragkrafterhöhung; guter Brand- und Schallschutz

Entlasten

Die Entlastung durch Herausnahme schwerer Füllmaterialien zwischen den Balken, z. B. Lehm, Sand o. ä. ergibt bereits einen großen Effekt.

Bei alten Decken ist außerdem oft über den Balken als Fußboden eine schwere lehmhaltige Schicht aufgebracht, die entfernt werden und durch leichtere Spanplatten oder Dielung ersetzt werden kann.

Zulegen von zusätzlichen Balken

Das Zulegen von zusätzlichen Balken zwischen die vorhandenen Altbalken ist selten ohne großen Aufwand möglich. Die weitere erhebliche Schwächung der Mauerwände für die neuen Auflager ist nicht immer vertretbar.

Bei von unten sichtbaren in Baudenkmalen befindlichen Deckenbalken verbietet sich diese Variante häufig ebenfalls.

5.5.1. Verstärken der Balken mit seitlichen Bauteilen

Die beidseitig des Balkens angebrachten Laschen oder Profile können aus verschiedenem Material bestehen.

Die häufigsten sind

	zulässige Biegespannung in N/mm^2	E-Modul
Holzbohlen	10	10000
KERTO-Schichtholz	20 !	13000
Stahl-Träger	140	210000

Die folgenden Zusammenhänge, Lastanteile und Nachweisformeln haben **folgende Voraussetzungen:**

- Gemeinsame Verformung der Bauteile, d. h. die Durchbiegungen von Altbalken und Laschen müssen gleich groß sein ($f_H = f_s$)!
- Die Laschen sind mit dem Holzbalken in bestimmten Abständen verbunden und gehen von Auflager bis Auflager durch.
- In der Praxis bedeutet dies, daß die Altbalken entlastet und vor der Verbindung mit den Laschen hochgedrückt werden, so daß nach dem Ablassen alle Lasten von beiden Bauteilen übernommen werden.

Berechnung der Laschen

Die Dimensionierung der neuen Laschen und die jeweiligen Lastanteile werden bestimmt durch Trägheitsmomente und E-Module der Bauteile und bei der Vorwahl entscheidend durch **die Höhe der Laschen.**

Aus $\frac{q_s}{q_H} = \frac{E_s \cdot J_s}{E_H \cdot J_H}$ und $\frac{q_s}{q_H} = \frac{\sigma_s \cdot W_S}{\sigma_H \cdot W_H}$

folgt $h_s = \frac{\sigma_s \cdot E_H}{\sigma_H \cdot E_s} \cdot h_H$

Index S: Seitenteile; Index H: Holzbalken; h = Höhe des Bauteiles

für Stahl-Seitenteile: $h_s = \frac{140 \cdot 10}{10 \cdot 210} \cdot h_H = 2/3 \cdot h_H$

für Preßschichtholz z. B. KERTO:

$$h_{Ke} = \frac{20 \cdot 10}{10 \cdot 13} \cdot h_H = 1{,}5 \cdot h_H$$

Siehe dazu auch Bild 5.12.

Die Lastanteile, die der Balken (q_H) bzw. die Seitenteile (q_s) übernehmen, ergeben sich wie folgt für den Lastfall Streckenlast q:

– Durchbiegungen werden gleichgesetzt:

$$f = f_H = f_s$$

$$f = \frac{5 \cdot q_H \cdot l^4}{384 \cdot E_H \cdot J_H} = \frac{5 \cdot q_s \cdot l^4}{384 \cdot E_s \cdot J_s}$$

– Die Lastanteile ergeben sich dann

$$q = q_H + q_s$$

$$\frac{q_s}{q_H} = \frac{E_s \cdot J_s}{E_H \cdot J_H}$$

$$q_H = \frac{q}{\frac{E_s}{E_H} \cdot \frac{J_s}{J_H} + 1}$$

und

$$q_s = \frac{E_s \cdot J_s}{E_H \cdot J_H} \cdot q_H \quad \text{bzw.} \quad q_s = \frac{\frac{E_s}{E_H} \cdot J_s}{\frac{E_s}{E_H} \cdot J_s + J_H} \cdot q$$

Biegespannungen:

$$\frac{q_s}{q_H} = \frac{\sigma_s \cdot W_s}{\sigma_H \cdot W_H} \quad \text{und} \quad \frac{q_s}{q_H} = \frac{E_s \cdot J_s}{E_H \cdot J_H}$$

dabei ist $J_s = \frac{W_s \cdot h_s}{2}$ und $J_H = \frac{W_H \cdot h_H}{2}$

$$\sigma_H = \frac{M \cdot h_H}{\left(J_H + \frac{E_s}{E_H} \cdot J_s\right) \cdot 2} \leq \text{zul. } \sigma_{BH}$$

$$\sigma_s = \frac{M \cdot h_s \frac{E_s}{E_H}}{\left(J_H + \frac{E_s}{E_H} \cdot J_s\right) \cdot 2} \leq \text{zul } \sigma_{BS}$$

Hieraus können auch die zulässigen Momente abgeleitet werden. Diese Formeln sind für verschiedene Materialien anwendbar.

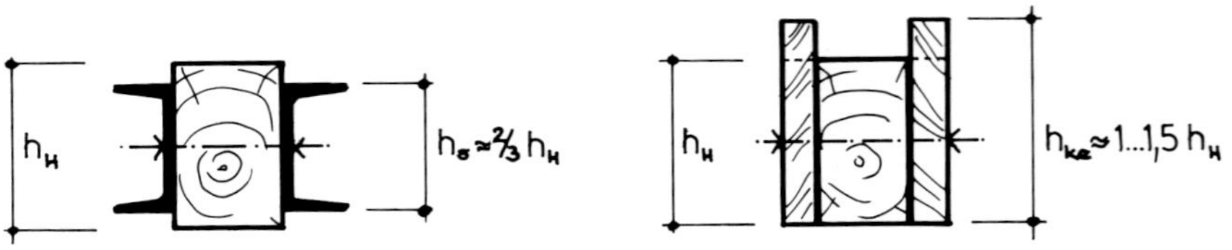

Bild 5.12. Balkenverstärkungen mit Seitenteilen.
h Höhe des Bauteiles; S Stahl; Ke Kerto-Schichtholz; H Holzbalken

Der **allgemeine Rechengang** ist also:

1. q_H und q_s ermitteln
2. Momentenanteile mit q_s und q_H und Biegespannungen
3. Durchbiegungen mit anteiligen Lasten sowie entsprechende E- und I-Werte

z. B. $f_H = \dfrac{5 \cdot q_H \cdot l^4}{384 \cdot E_H \cdot J_H}$

Für den speziellen Fall Holzbalken mit seitlichen Stahlträgern erhält man

$$\frac{E_s}{E_H} = \frac{21000}{1000} = 21$$

$$\frac{\text{zul}\,\sigma_s}{\text{zul}\,\sigma_H} = \frac{140}{10} = 14$$

Durch Gleichsetzen obiger Formeln und Einsetzen der Stahl-Werte erhält man aus

$$\frac{\sigma_s \cdot W_s}{\sigma_H \cdot W_H} = \frac{E_s \cdot W_s \cdot h_s \cdot 2}{E_H \cdot 2 \cdot W_H \cdot h_H}$$

$$h_H = \frac{E_s \cdot \sigma_H \cdot h_s}{E_H \cdot \sigma_s} = \frac{21}{14} \cdot h_s = \underline{1{,}5 \cdot h_s}$$

Das heißt, bei voller Ausnutzung der zulässigen Spannungen müßte die Holzbalkenhöhe $h_H = 1{,}5 \cdot h_s$ sein. Muß man häufiger derartige Verstärkungen rechnen, sind in [4.4.] Band 1 in Tafeln Lastverteilungsfaktoren für häufige Kombinationen von Balkenquerschnitten und U-Stahlträgern zu entnehmen, und damit kann der Aufwand reduziert werden.

Verbindung von Holzbalken mit seitlichen Bauteilen:

Die Verbindungsmittel müssen den Lastanteil q_s übertragen. Abstand der Verbindungsmittel als Näherung

$$\text{erf}\; e = \frac{\text{zul}\, N_1}{q_s}$$

zul N_1 = Zulässige Belastung eines Verbindungsmittels

Bei üblichen Balkendecken sollte der Abstand etwa bei 80 cm liegen. Ein gutes Zusammenwirken der Bauteile und eine hohe Tragkraft bewirken Dornringdübel, die durch das Anziehen von Schrauben eingepreßt werden. Bolzen mit größeren Bohrlöchern in Holz als der Bolzendurchmesser sind nicht zulässig.

Beispiel mit Faktoren für Lastaufteilung nach [4.4]:

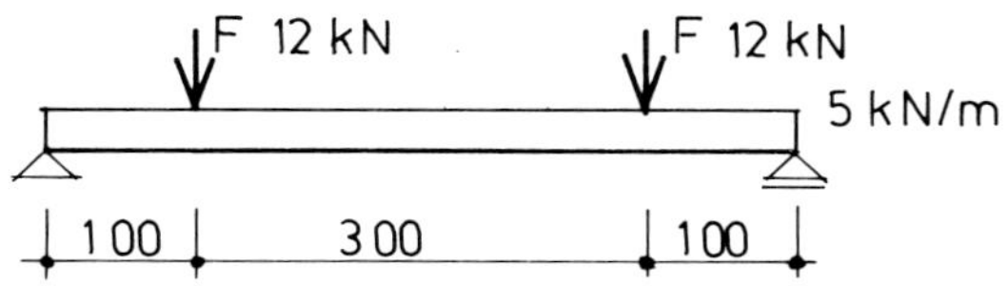

$W_{xM} = 1067 \text{ cm}^3$

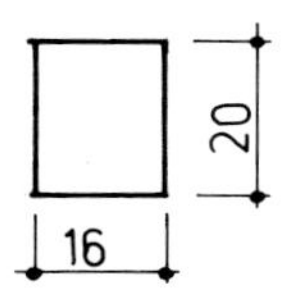

$$\Sigma M = 12 \text{ kN} \cdot 1{,}0 \text{ m} + \frac{5 \text{ kN/m} \cdot (5 \text{ m})^2}{8} = \underline{\underline{27{,}625 \text{ kN m}}}$$

$$\text{zul } f = l/300 = \frac{500 \text{ cm}}{300} = \underline{\underline{1{,}67 \text{ cm}}}$$

$l < 16 \cdot h_H$
$500 \text{ cm} < 16 \cdot 20 \text{ cm}$?
$\underline{\underline{500 \text{ cm} > 320 \text{ cm}}}$ ► Durchbiegung maßgebend.

$$h_s = \frac{h_H}{1{,}2} = \frac{20 \text{ cm}}{1{,}2} = \underline{\underline{16{,}67 \text{ cm}}}$$

Es sind geeignete Stahlprofile zu wählen. Grenzfall $h_s = h_F$ gew. 2 U180 nach DIN 1026 mit $W_{xs} = 150 \text{ cm}^3$

$W_{xs} = 2 \cdot 150 \text{ cm}^3 = 300 \text{ cm}^3$

Lastverteilungszahl k aus [4.4.] Bd. 1
Aus Tafel ablesen: $k = 0{,}158$

Momentenanteile:

$M_H = M \cdot k = 27{,}625 \cdot 0{,}158 = \underline{\underline{4{,}37 \text{ kN m}}}$

$M_s = M \cdot (1 - k) = 27{,}625 (1 - 0{,}158) = \underline{\underline{23{,}26 \text{ kN m}}}$

Spannungsnachweis

$$\sigma_H = \frac{M_H}{W_{xh}} = \frac{437 \text{ kN cm}}{1067 \text{ cm}^3} = \underline{\underline{0{,}409 \frac{\text{kN}}{\text{cm}^2}}} < 1{,}0$$

$$\sigma_s = \frac{M_s}{W_{xs}} = \frac{2326 \text{ kN cm}}{300 \text{ cm}^3} = 7{,}75 \frac{\text{kN}}{\text{cm}^2} < 1{,}4$$

Vorhandene Durchbiegung

Genähert für Streckenlast:

$$f_{H\,vorh} = \frac{\sigma_H \cdot l^2}{480 \cdot h_H} = \frac{40{,}9 \text{ N/cm}^2 \cdot (5 \text{ m})^2}{480 \cdot 20 \text{ cm}} = \underline{\underline{1{,}065 \text{ cm}}}$$

$$f_{s\,vorh} = \frac{\sigma_s \cdot l^2}{480 \cdot \frac{E_s}{E_H} \cdot h_s}$$

$$= \frac{7750 \text{ N/cm}^2 \cdot (5 \text{ m})^2}{10080 \cdot 18 \text{ cm}} = \underline{\underline{1{,}065 \text{ cm}}}$$

σ in N/cm²; l in m; h in cm

$\underline{\underline{\text{zul } f = 1{,}67 \text{ cm} > \text{vorh } f = 1{,}065 \text{ cm}}}$

Dieses Beispiel zeigt auch, daß die Wahl der Stahlprofile zu groß ist. Ausreichend sind hier 2 U140.

Verstärkung von Holzbalken mit Stahlprofilen im Bereich der größten Biegemomente:
In diesem Fall gehen die Stahlprofile nicht von Auflager zu Auflager durch, sondern werden sparsam nur im Bereich großer, abzudeckender Momente angeordnet. Hier sollten als Verbindungsmittel Dübel eingesetzt werden, ihre Anzahl wurde mit 4 Verbindungsstellen bei ausreichendem Abstand optimiert.
Genauer Nachweis nach [5.5.].

5.5.2. Verstärken mit einer Druckschicht aus Polymerbeton

Eine neue und effektive Methode zur Tragfähigkeitserhöhung und zur erheblichen Reduzierung der Durchbiegungen ist das Aufbringen einer Polymerbetonschicht auf die vorhandenen Holzbalken.

Die gemeinsame Tragwirkung der beiden unterschiedlichen Bauteile wird hier direkt durch den Haftverbund erreicht. Das hat die großen Vorteile, daß

- eine hohe Tragwirkung durch einen nahezu starren Verbund erzielt wird und
- eine aufwendige Verdübelung nicht notwendig ist.

Die Anwendung erfolgt sowohl **bei größeren Schädigungen** der Balkenoberseite, z. B. Ringschäle oder Hausbock-Fraßgängen, als auch bei **Ausgleich** von unebenen Balkendecken und besonders effektiv bei **Tragkrafterhöhungen** (Bild 5.13.).
Bild 5.14. zeigt einen Verbundquerschnitt nach der Bruchprüfung, der auch dann keine Risse in der Verbundfuge aufwies.

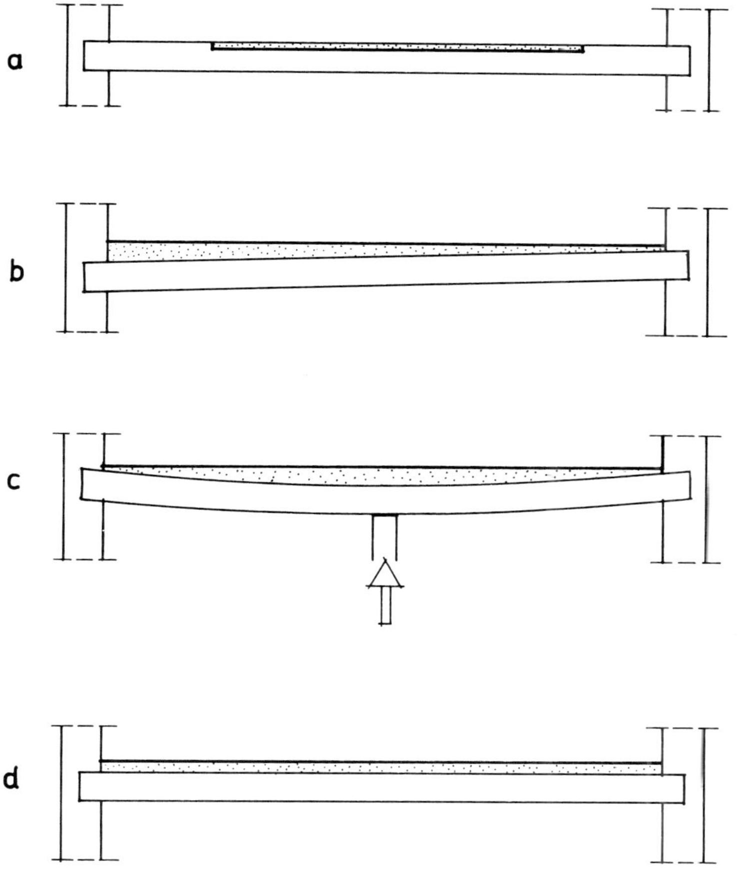

Bild 5.13. Anwendungen einer Polymerbeton-Schicht auf eingebauten Holzbalken.
a) Ersatz größerer zerstörter Holzbereiche;
b) Ausgleich bei schräg liegenden Deckenbalken;
c) Ausgleich und Verringerung der Durchbiegung bei stark durchgebogenen Deckenbalken;
d) Erhöhung der Tragfähigkeit von Balkendecken

a)

b)

c)

Bild 5.17. Balken einer weitgespannten Balkendecke mit Schäden in der oberen Balkenzone.
a) Schadbild (Ringschäle, Hausbock) der oberen 4 cm der Balken; b) In ausgefräste Bereiche wird Polymermörtel zwischen Schalbrettern eingebracht. Im Vordergrund Nuten für Anschlußbewehrung; c) Sanierung ist abgeschlossen. Aufbeton auf Polyesterharzbeton d = 4 cm mit eingelegter Latte. Außerdem Ersatz zerstörter Balkenköpfe durch Holzlaschen und Sechskantschrauben

- Der Feuchtegehalt des Holzes an den Kontaktflächen sollte $u \leq 18\%$ betragen. Dies bedeutet eine hohe Sicherheit, da der Verbund auch bei Versuchsbalken mit $u = 28\%$ nicht versagte.
- Eine Langzeitbelastung (Dauerlastgröße 25% der Kurzzeitbruchlast) bewirkte keine Schäden (Risse o. ä.), und das Kriechverhalten entspricht etwa dem von Holzbalken (siehe Bild 5.16.).

Ausführungs-Schritte

- Verschmutzte Oberfläche und geschädigte Holzbereiche der Balken mit Oberflächen- oder Struktur-Fräsen entfernen. Sägemehl und Staub mit Besen oder Staubsauger entfernen
- Holzfeuchte messen; u ≤ 18% in Kontaktfläche
- Schalbretter an den Balkenseiten anbringen in endgültiger Höhe des Aufbetons
- Bewehrung einbringen konstruktiv d = 10 mm; nur bei langen Strecken und eventuell im Anschluß erforderlich
- Aufbeton mischen, einbringen und verdichten, glatt abziehen
- bei Bedarf Holzlatte zur Befestigung des Fußbodens einlegen
- Entschalen nach ca. 5 Stunden möglich, volle Belastbarkeit nach 2 Tagen.

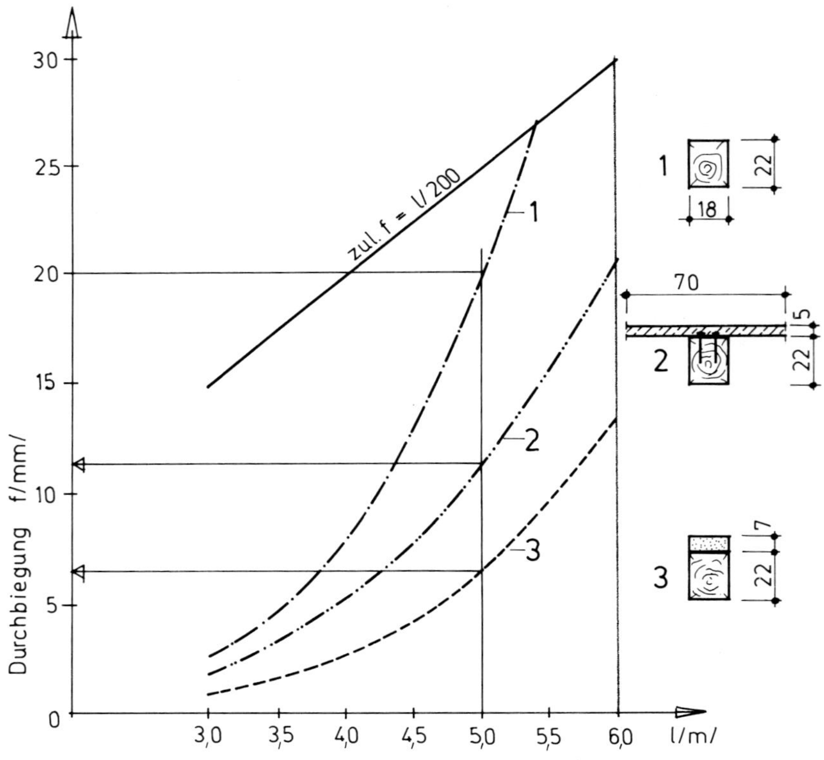

Bild 5.18. Vergleich der Durchbiegungen von Holzbalken und Verbundbalken.
1 Holzbalken 18/22 cm ohne Verstärkung; 2 Holzbalken mit Zementbetonplatte und Verdübelung (= elastische Verbindung); 3 Holzbalken mit PC-Aufbeton (starrer Verbund)

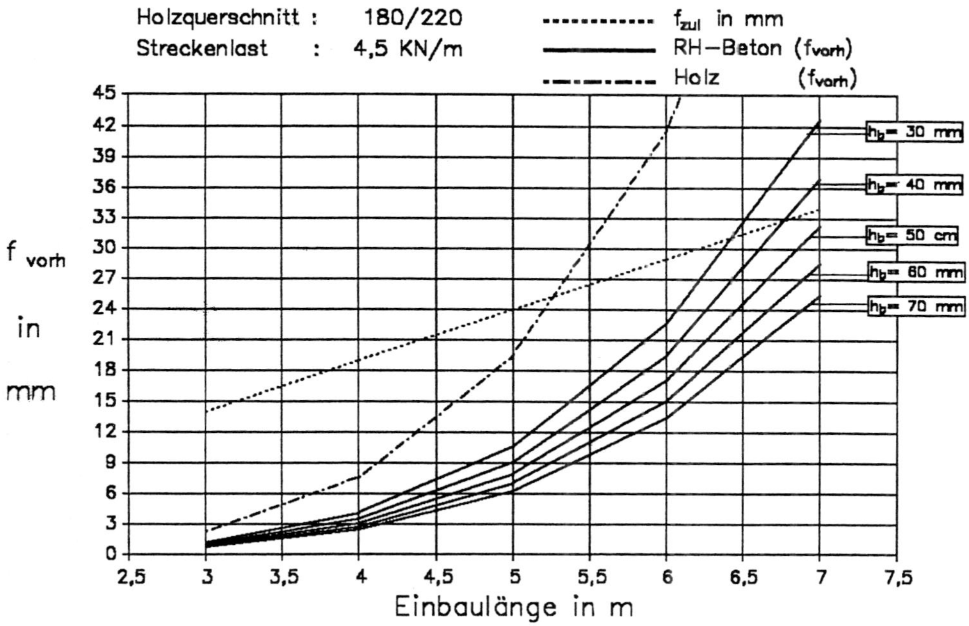

Bild 5.19. Diagramm mit Durchbiegung von Holzbalken ohne und mit Druckbeton verschiedener Dicken in Abhängigkeit von der Spannweite. Nach [5.7.].

Die Bild-Serie Bild 5.17. zeigt eine Ausführung bei im oberen Bereich stark geschädigten Balken. Es ist eine weitgespannte Balkendecke, die durch Anlaschen und Polymeraufbeton erhalten und für eine neue Nutzung höher belastet werden konnte.

Der große Einfluß des Aufbetons auf die **Verringerung der Durchbiegung** unter Last weisen die Bilder 5.18. und 5.19. aus.
Aus Bild 5.18. wird deutlich:
Eine durchgehende Zementbetonplatte mit d = 5 cm, die im elastischen Verbund über Dübel mit den Holzbalken verbunden ist, bewirkt eine geringere Reduzierung der Durchbiegung als die starr verbundene Aufbetonschicht mit einer Breite von nur 18 cm.

An Gewicht bringt der PC-Aufbeton nur 34% der Zementbetonplatte.

Bild 5.19. zeigt die Durchbiegung von Holzbalken ohne und mit Druckbeton verschiedener Dicken von 3 bis 7 cm. Es wird deutlich, daß der Holzbalken allein bereits bei einer Spannweite von 5,25 cm die zulässige Durchbiegung überschreitet, während bei einer Aufbetonschicht von 5 cm Dicke eine Spannweite von 7,0 m ermöglicht wird.

Beispiel:

1. Örtliche Angaben

Eine weitgespannte Balkendecke mit einer Spannweite von 7,90 m in einem denkmalgeschützten Gebäude soll erhalten und für eine neue Nutzung tragfähig ausgebildet werden. Der derzeitige Unterzug soll entfernt werden. Die Deckenbalken bleiben von unten sichtbar und weisen an der Unterseite und an den Seitenflächen Bemalung aus dem 17. Jahrhundert auf.
Zur Erhaltung der Balken bei Entfernung des Unterzuges und zur Einhaltung der Forderung, daß Laschen oder moderne Verbindungsmittel nicht sichtbar sein dürfen, wurde die Methode der Verstärkung der Balken durch eine, hier mit 7 cm relativ hohe, Druckbetonschicht aus Polymerbeton angewendet.

Angaben: $l = 7{,}90$ m
Streckenlast $q_1 = 4{,}62$ kN/m Balken
Balken $b/h = 20/22$ cm
Nadelholz GKl. II
$E \approx 9000$ N/mm^2

2. Schnittkräfte

$$A = B = 4{,}62 \cdot 7{,}9/2 = 18{,}25 \text{ kN}$$

$$\max M = \frac{4{,}62 \cdot 7{,}9^2}{8} = 36{,}04 \text{ kNm}$$

3. Nachweis Deckenbalken ohne Verstärkung

$b/h = 20/22$ cm

$$W = \frac{20 \cdot 22^2}{6} = 1613 \text{ cm}^3$$

$$J = \frac{20 \cdot 22}{12} = 17746 \text{ cm}^4$$

$$\sigma_b = \frac{36040 \cdot 10^3}{1613 \cdot 10^3} = 22{,}34 \text{ N/mm}^2 > \text{zul } \sigma_b = 10{,}0$$

$$\text{zul } M = \sigma \cdot W = 1{,}0 \cdot 1613 = 1613 \text{ kN cm}$$

$$\text{zul } q = \frac{1613 \cdot 8}{790^2} = 0{,}0206 \text{ kN/cm}$$

$$= 2{,}06 \text{ kN/m}$$

Durchbiegung:

$$f = \frac{5}{384} \cdot \frac{4620 \cdot 7{,}9^4 \cdot 10^{12}}{10^3 \cdot 9000 \cdot 17746 \cdot 10^4} = 146 \text{ mm}$$

Als zulässige Durchbiegung wird hier l/200 akzeptiert:

$$\text{zul } f = \frac{7900}{200} = 39{,}5 \text{ mm} \ll 146 \text{ mm}$$

Ohne Verstärkung werden die zulässige Biegespannung und die zulässige Durchbiegung erheblich überschritten.

4. Nachweis Deckenbalken mit Verstärkung durch Polymerbeton-Schicht

4.1. Material- und Querschnittswerte

Gewählt: Aufbeton in Balkenbreite und mit d = 7 cm

$$\text{zul } \sigma_{ZH} = 0{,}85 \text{ kN/cm}^2$$
$$E_H = 900 \text{ kN/cm}^2$$
$$E_B = 2000 \text{ kN/cm}^2$$
$$A_B = 7 \cdot 20 = 140 \text{ cm}^2$$
$$A_H = 20 \cdot 22 = 440 \text{ cm}^2$$

$$n = \frac{E_B}{E_H} = \frac{2000}{900} = 2{,}22$$

Achse des elastischen Zentrums:

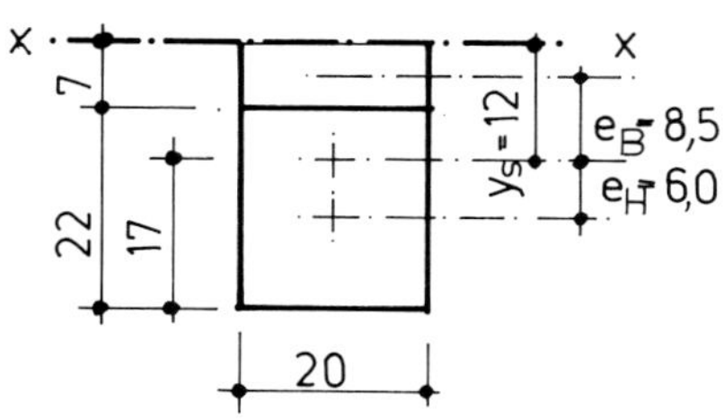

$$y_E = \frac{A_H \cdot E_H \cdot y_H + A_B \cdot E_B \cdot y_B}{A_H \cdot E_H + A_B \cdot E_B}$$

$$= \frac{440 \cdot 900 \cdot 18 + 140 \cdot 2000 \cdot 3{,}5}{440 \cdot 900 + 140 \cdot 2000}$$

$$\underline{y_E} = \frac{8108000}{676000} = \underline{12{,}0 \text{ cm}}$$

Ideelles Trägheitsmoment:

$$J_i = J_H + A_H \cdot e_H^2 + n(J_B + A_B \cdot e_B^2)$$

$$= \frac{20 \cdot 22^3}{12} + 440 \cdot 6{,}0^2 + 2{,}22\left(\frac{20 \cdot 7^3}{12} + 140 \cdot 8{,}5^2\right)$$

$$\underline{J_i} = 33.586 + 23.724 = \underline{57.310 \text{ cm}^4}$$

4.2. Zulässiges Moment bzw. zulässige Streckenlast

$$\text{zul } M = Z \cdot z = \text{zul } \sigma_{ZH} \cdot \frac{17 \cdot 20}{2} \cdot \sim \frac{2}{3} \cdot 29$$

$$= 0{,}85 \cdot 170 \cdot 19{,}33 = 2793 \text{ kN cm}$$

zul. Streckenlast q:

$$\text{zul } q = \frac{\text{zul } M \cdot 8}{l} = \frac{2793 \cdot 8}{790} = 0{,}0358 \text{ kN/cm}$$

$$= \underline{3{,}58 \text{ kN/m}}$$

Da die Einzugsbreite für einen Balken 1,10 m beträgt, ist als Flächenlast zulässig:

$$\text{zul } q_{FL} = \frac{3{,}58}{1{,}1} = \underline{3{,}25 \text{ kN/m}}$$

Bei einer Verkehrslast von p = 2 kN/m^2 darf das Eigengewicht der Decke g = 1,25 kN/m^2 betragen. Bei einer ausreichenden Querverteilung der Lasten könnte die Verkehrslast auf 1,5 kN/m^2 reduziert werden.

4.3. Durchbiegungsnachweis

Mit genügender Näherung und auf der sicheren Seite liegend, wird der E-Modul des Holzes eingesetzt. Der damit geführte Durchbiegungsnachweis ergibt eine geringere Durchbiegung als l/200 = 3,95 cm.

Die Steifigkeit des neuen Verbundquerschnittes ist so groß, daß nicht die zulässige Durchbiegung wie sonst bei weitgespannten Deckenbalken maßgebend ist, sondern die aufnehmbare Biegespannung im Holz.

5.5.3. Holzbalken im elastischen Verbund mit Betonplatte

Das Aufbetonieren einer Betonplatte auf alte Holzbalken hat vorrangig die Effekte eines besseren **Schall- und Brandschutzes**.

Die **Erhöhung der Tragfähigkeit** und Verringerung der Durchbiegung hängt in hohem Maße von der Schub-Steifigkeit der Verbindung zwischen beiden Bauteilen ab. Ein Teil der Tragfähigkeitserhöhung des elastischen Verbundkörpers wird durch die hohe Eigenlast der Betonplatte wieder „aufgezehrt". Eine Optimierung ist schwierig.

Bild 5.20. Verbund-Varianten von Holzbalken mit einer Betonplatte.
a) Beton auf vorhandener Dielung mit senkrechten Stahlstiften, meist Schrauben;
b) Seitliche Nagelplatten oder aufgeschraubte Stahlwinkel;
c) Doppelkopfschrauben direkt auf Balken; d) Schräg eingedrehte Gewindestäbe mit Scheiben; e) Eingeklebte Stahlstäbe;
f) Wie vor, zusätzlich Einkerbungen im Holz und dadurch Betonnocken

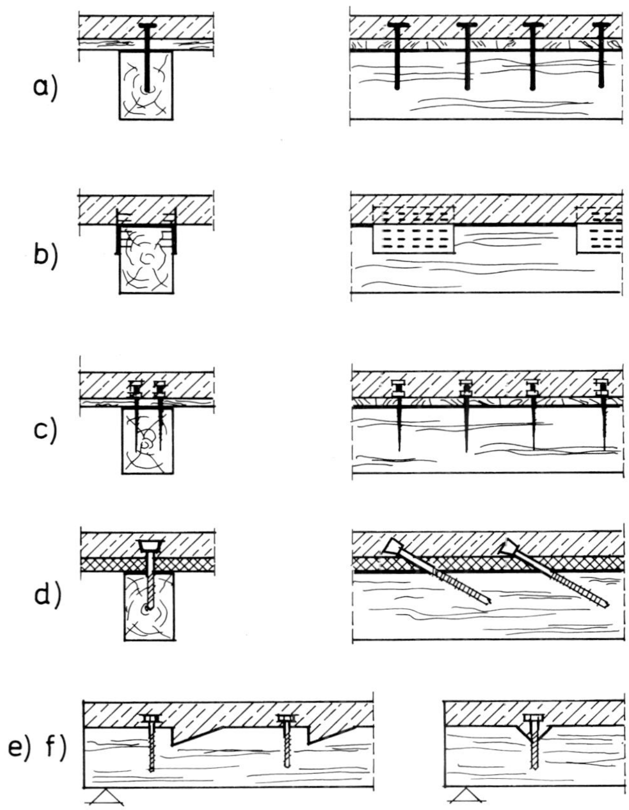

Ab 1980 wurde ein derartiger Verbund mit eingeschlagenen Nägeln, Stahlstiften und z. T. Einschnitten in den Balken berechnet und ausgeführt [5.8.]. Es zeigte sich, daß eine sehr große Anzahl derartiger Verbindungsmittel notwendig wird. Seitdem wurden weitere Varianten entwickelt, die eine geringere Verschiebung aufweisen und damit eine steifere Verbundkonstruktion schufen [5.9., 5.10.].
Beispiele sind in Bild 5.20. skizziert. Die dargestellten Verbindungsmittel wurden erprobt und in der Praxis angewendet. Die Reihenfolge richtet sich nach steigender Steifigkeit.
Die Tragfähigkeit der Verbundkonstruktionen und ihre Durchbiegung wird je nach Verbindungsmittelart nachgewiesen. In [5.10.] wird ein Bemessungsvorschlag für Verbunddecken aus Brettschichtholz und Betonstahlstiften sowie Beton B25 gemacht, der die Nachgiebigkeit der Verbindungen erfaßt.

In mehreren Ländern, z. B. Schweiz, Schweden, werden derartige Verbunddecken und -wände bei Neubauten eingesetzt.

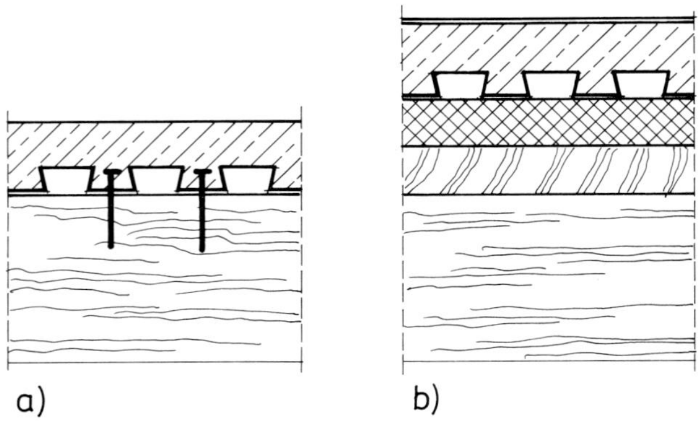

Bild 5.21. Kombination Balkendecke mit Schwalbenschwanz-Profilblechen und Estrichbeton.
a) Auflage direkt auf den Holzbalken; b) Auflage auf Faserplatte (zur besseren Schalldämmung)

Die meisten Anwender arbeiten mit üblichem Normalbeton. Die dabei auftretenden nachteiligen hohen Eigenlasten der Betonplatte können durch Leichtbeton (Rohdichte = 1,45 kg/dm^3) erheblich reduziert werden. Anwendungen in Österreich mit derartigem Leichtbeton und Holzschrauben als Verbindungsmitteln belegen dies [5.11.].

Die Anwendung im Altbau kann bei ausreichender Holzgüte der Deckenbalken, bei möglichst steifen Verbindungen und Betondicken bis zu 7 cm in begrenztem Maße akzeptiert werden.

Eine spezielle Kombination stellen **Trapez- oder Schwalbenschwanz-Profilbleche** mit Aufbeton oder Gußasphalt dar. Diese Lösung verbessert Brand- und Schallschutz sowie die Lastenverteilung ebenfalls, bewirkt aber nur eine geringe Tragkrafterhöhung. Bild 5.21. zeigt einen derartigen Querschnitt. Muß die alte Dielung entfernt werden, bilden die Bleche gleichzeitig die verlorene Schalung.

5.6. Balkendecke mit Unterzügen

Bei **sich kreuzenden Biegeträgern** ergeben sich erhebliche Unterschiede in den Schnittkräften und den Formänderungen, je nachden, ob in den Kreuzungspunkten **starre oder elastische Lagerung** zugrundegelegt wird.
Besonders bei größeren Spannweiten ist die elastische Lagerung der kreuzenden Balken auf dem Unterzug anzusetzen, da bei starrer Lagerung die Balken zu geringe und der Unterzug zu große Lastanteile zugewiesen bekommen. Bei älteren Holzkonstruktionen ist dem oft aus Erfahrung Rechnung getragen:
Die kreuzenden Bauteile (Sparren, Deckenbalken) erscheinen überdimensioniert, die Unterzüge (Pfetten, Längsunterzüge) unterdimensioniert.

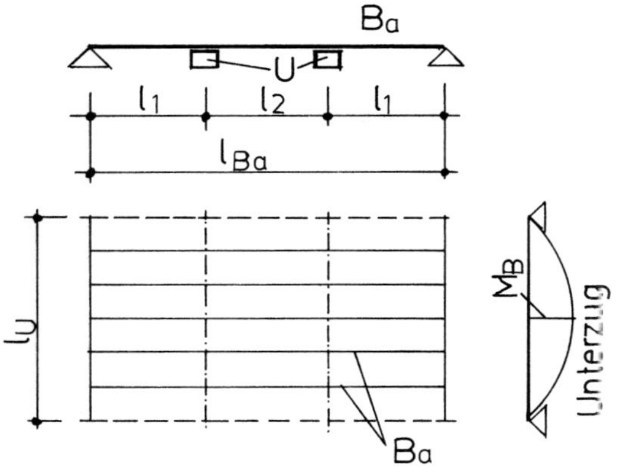

Dimension der
Zimmermanns-Konstruktion:

Balken B_a : b/h = 20/22 cm
Unterzug U : b/h = 27/25 cm

<u>Verkehrslast</u>

für Balken : p = 2,00 kN/m²
für Unterzug: p = 1,50 kN/m²

Skizze: M-Bild des Balkens	Annahme	Balken B_a M_B kNm	Balken B_a σ_b N/mm²	Unterzug U M_B kNm	Unterzug U σ_b N/mm²
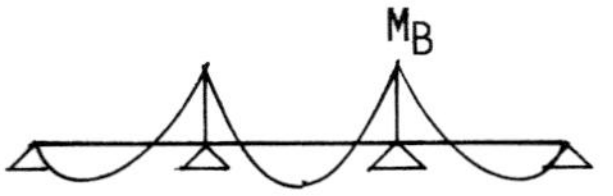	starre Lagerung	-2,30	±1,43 <10,0	36,5	±13,2 >10,0
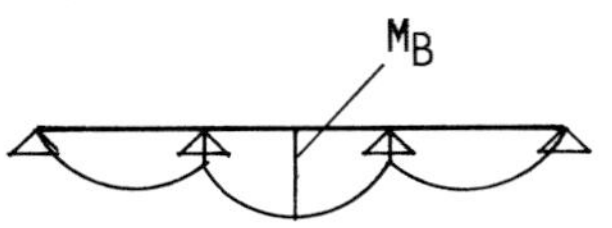	elastische Lagerung	+8,30	±5,80 <10,0		~10,2 ≅10.0

Bild 5.22. Balkendecke auf Unterzügen; unterschiedliche Momentenverteilung und damit Größe der Biegespannung bei starrer und elastischer Lagerung.

Bild 5.22. zeigt schematisch die Unterschiede in der Momentengröße bei Annahme starrer bzw. elastischer Lagerung der Balken auf den Unterzügen.
Es ist also ein Trägerrost und dessen gemeinsame Verformungen zugrunde zu legen. Dadurch erhalten die Unterzüge geringere Momente. Eine weitere Reserve besteht darin, daß die Verkehrslast für den Unterzug geringer angesetzt werden darf.

6. Instandsetzung von Dachkonstruktionen

6.1. Konstruktionsarten

Die vielfältigen historischen Dachkonstruktionen sollen hier gegliedert werden in

- Steildächer
- hallenartige Überdachungen
- Hängewerke.

Steildächer
auch als Hausdächer bezeichnet, wurden bei Wohnhäusern, aber auch größeren Gebäuden wie Kirchen oder Rathäusern, aufgesetzt.

Nach konstruktiven Gesichtspunkten werden Sparrendächer und Pfettendächer unterschieden. Die Bilder 6.1. und 6.2. zeigen für jede Art ein Beispiel.

Die Sparrendächer sind meist mit Kehlriegeln ausgesteift. Bei den **Kehlbalkendächern** wiederum ist es statisch-konstruktiv wesentlich, ob sie als verschiebliches Dach oder als Dach mit unverschieblichen Kehlbalken aufzufassen sind. Das unverschiebliche Kehlbalkendach setzt voraus, daß die Kehlriegel-Ebene als steife Scheibe ausgebildet ist und daß diese in Giebel- oder Querwänden verankert ist.

Die feste Lagerung am Kehlriegelanschluß bedeutet eine andere Momentenverteilung und führt zu anderen Sparren-Knicklängen als beim verschieblichen Dach. Zu diesem Gebiet gibt es Spezialliteratur, auf die hier verwiesen wird [6.1., 6.2.].

Beim **Pfettendach** nehmen die in Längsrichtung des Daches liegenden Pfetten die Lasten von den Sparren auf. Die Pfetten lagern auf den Stuhlsäulen (Stielen), die nur unter jedem 3. bis 5. Sparren stehen. Je nach Anzahl der Stuhlsäulen in einem „Stuhl" unterscheidet man 1-, 2- oder 3fach stehende Stühle. Die Zangen zur Queraussteifung liegen unter den Pfetten.

In Tafel 6.1. sind **Konstruktionsformen von Steildächern** dargestellt.
In Tafel 6.2. folgt eine **Übersicht von Hallen-Konstruktionen** mit charakteristischen Merkmalen.

Hängewerke
Eine bei etwas größeren Spannweiten häufig von Zimmerleuten angewendete Tragkonstruktion ist das Hängewerk. Es vereint typische Zimmermanns-Verbindungen mit der großen „statischen Höhe" zwischen unterem Streckbalken und dem

Bild 6.1. Kehlbalkendach mit liegendem Stuhl.

Bild 6.2. Pfettendach mit geringer Dachneigung.

Tafel 6.1. Konstruktionsformen von Steildächern

Nr.	Konstruktions-bezeichnung	Skizze	Angaben zur Geometrie	Bemerkungen
1	Kehlbalkendach	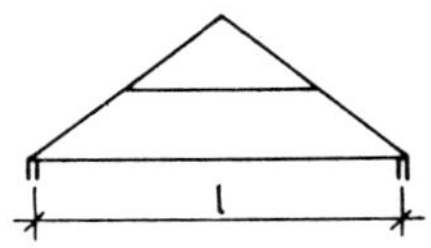	mittelgroße Spannweiten l= 6 ... 11 m	- häufige Konstruktion - Verbindung Sparren - Kehlbalken früher Schwächung der Zapfen, Versatz oder Anblattung ; jüngere Ausfertigung meist Nägel
2	Einfach stehender Kehlbalken-Dachstuhl	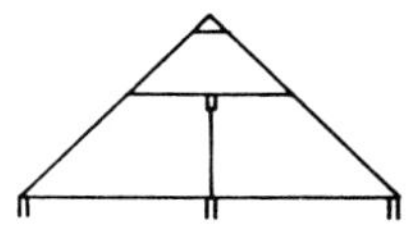	mittelgroße Spannweiten	- relativ selten - Abstützung des Kehlriegels kann auch durch Abhängung am First erfolgen.
3	Zweifach stehender Kehlbalken-Dachstuhl	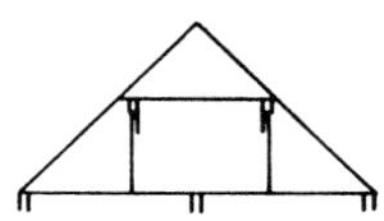	mittelgroße Spannweiten	- Pfosten und Rähm zur besseren Aussteifung - Pfosten übernehmen keine Vertikallasten !
4	Zweifach liegender Kehlbalken-Dachstuhl	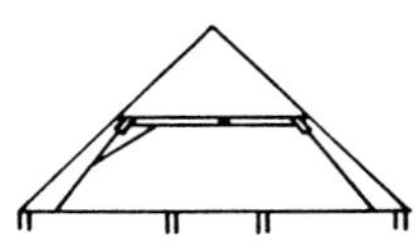	mittelgroße bis große Spannweiten	- größere Steifigkeit - freier Dachraum - es können auch Kehlbalken entfallen , Lasten werden über Rähme übertragen !
5	Einfach stehender Pfettendachstuhl	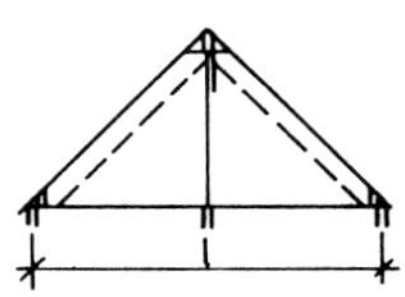	geringe Spannweiten l bis ca. 8m Dachneigung um 30°	- Firstpfette erhält nur Vertikallasten - unter dem Mittelpfosten muß eine Wand stehen - bei der Anordnung von Streben (---) wird der Pfosten entlastet
6	Zweifach stehender Pfettendachstuhl	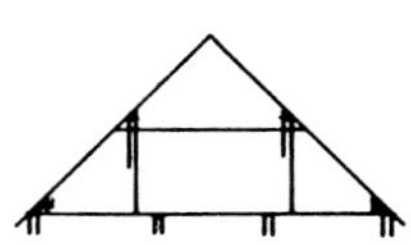	mittelgroße Spannweiten	- häufige Konstruktion - Mittelpfetten sind hoch belastet ! - Pfosten mit Zangen nur etwa alle 3,50 ... 4,00 m

Tafel 6.1. (Fortsetzung)

Nr.	Konstruktions-bezeichnung	Skizze	Angaben zur Geometrie	Bemerkungen
7	Dreifach stehender Pfettendachstuhl	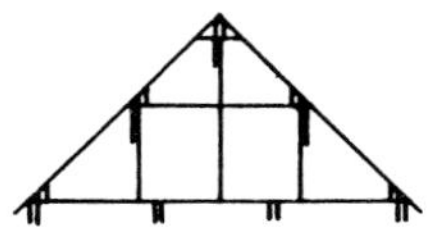	große Spannweiten	- Ableitung der Lasten aus den Pfosten oft in die Deckenbalken; - günstig sind Querwände unter den Stühlen
8	Zweifach stehender abgestrebter Pfettendachstuhl	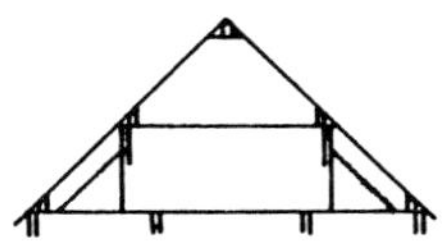	mittelgroße Spannweiten	- häufige Konstruktion - Pfosten erhalten Last durch Mittelpfette und Wind - Streben übernehmen Windlasten mit, sie erleichtern den Aufbau
9	Dreifach stehender abgestrebter Pfettendachstuhl	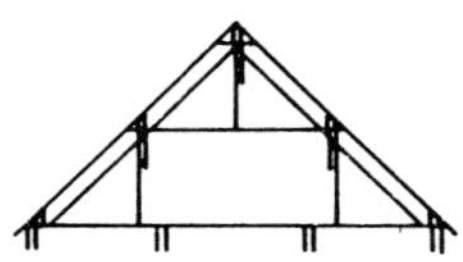	große Spannweiten	- Pfosten unter der Firstpfette überträgt die Last auf die Streben; Deckenbalken entlastet - freier Dachraum
10	Zweifach liegender Pfettendachstuhl	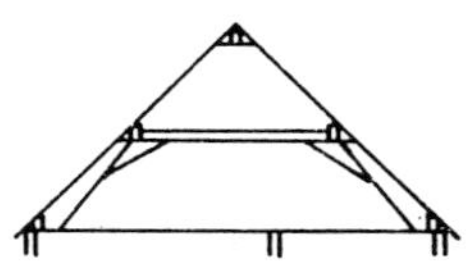	mittelgroße bis große Spannweiten, Dachneigung > 30°	- bei nicht gesicherter Lastableitung im mittleren Bereich - Kopfbänder erforderlich! - Riegel ist Druckstab!
11	Pfettendachstuhl mit Drempel	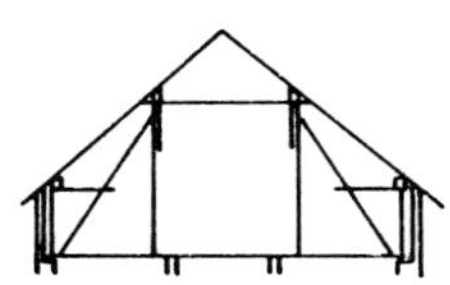	• große Spannweiten • auch für flachgeneigte Dächer	- zur Queraussteifung bei Drempel unbedingt Streben! - Außenwand mit Drempel verbinden!
12	Zweifaches Hängesprengwerk	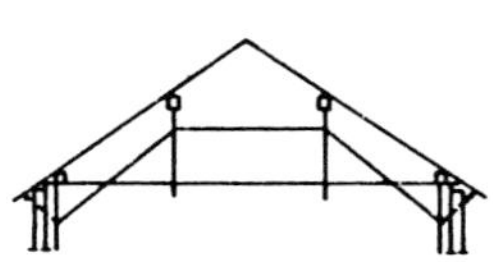	• große Spannweiten l bis ca. 13,0 m	- Anwendung, wenn unter dem Dach stützenfreie Räume (Festsaal, Lager) gefordert waren - Balken werden durch Hängesäulen und Streben unterstützt!

Tafel 6.2. Auswahl alter Hallen-Konstruktionen mit Merkmalen

Art der Konstruktion	Form
Bohlen-Bogenbinder nach de l'Orme	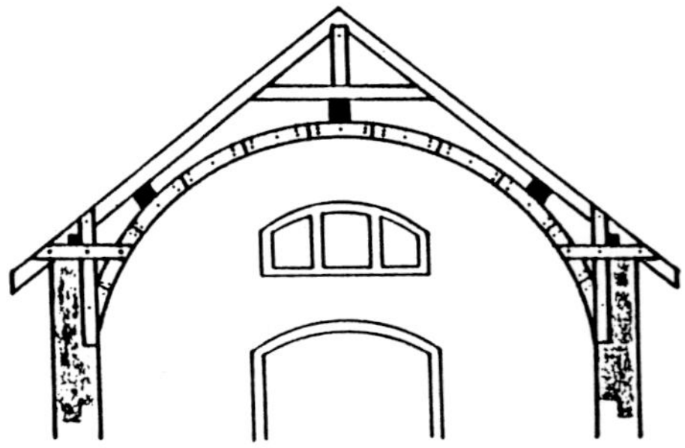
Stephan-Bogen	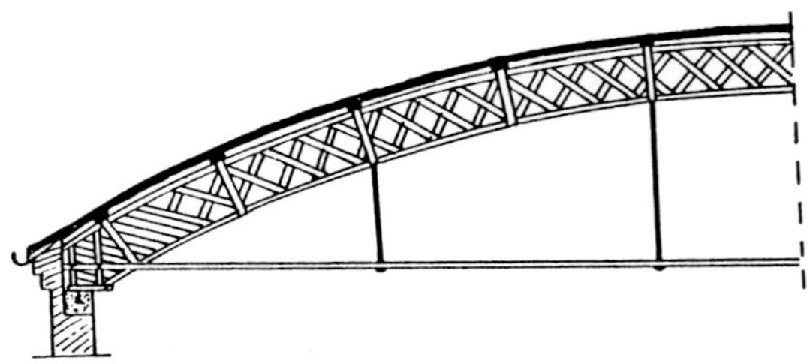
Hetzer-Binder	
Zollinger Lamellendach	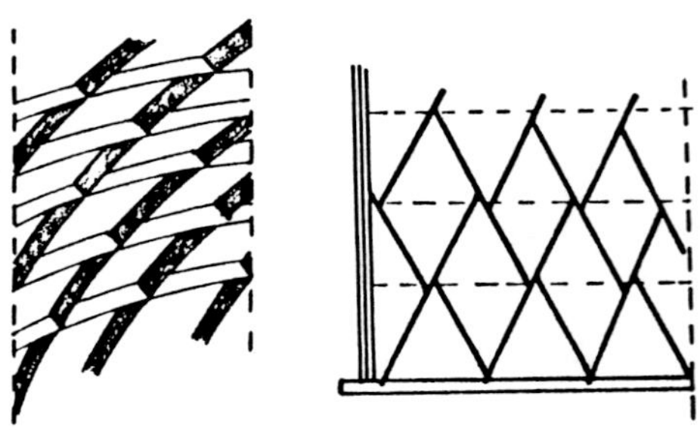

Knotenpunkt Verbindungsmittel	Charakteristik	Spannweiten /m/	Zeitraum
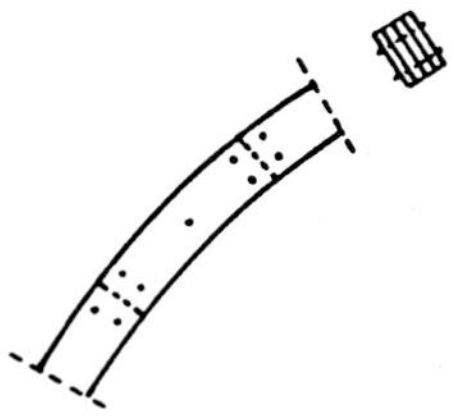 Nägel	aufrecht stehende Bohlen, versetzt gestoßen	10...25	bis 1840
Gurte verbolzt, verdübelt	biegesteife Bögen mit gekreuzten Steghölzern	15...45	1895 - 1940
Verleimte Bretter	Rechteck- und Doppel-T-Querschnitte	12...40	1906 - 1940
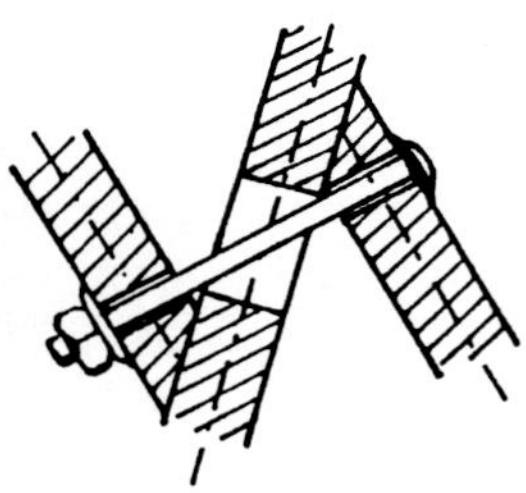 Schraubbolzen	aufrecht stehende Bretter	10...25	1920 - 1940

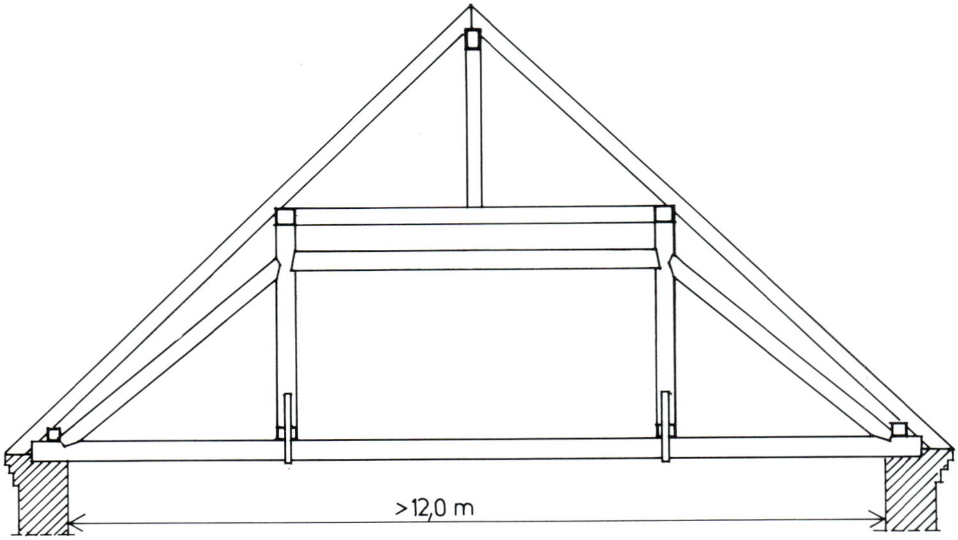

Bild 6.3. Prinzip eines zweifachen Hängewerkes mit einem Pfettendach.

Bild 6.4. Hängewerks-Detail: Oberer Strebenanschluß an der Hängesäule, rechts Spannriegel.

oberen Riegel und erlaubte so schon in früheren Zeiten, mit einem einfachen Stabwerk große Räume zu überspannen.

Bild 6.3. zeigt das Prinzip eines Hängewerkes.

Bild 6.4. zeigt den Knotenpunkt oberer Strebenanschluß und Hängesäule eines zweifachen Hängewerkes.

6.2. Schadensschwerpunkte

Im vorangegangenen Abschnitt ist eine Auswahl von Dachtragwerken aufgeführt, dabei wird deutlich, daß es bei jeder Konstruktionsart auch spezielle Schäden gibt oder geben kann. Im folgenden sollen typische Schäden, die häufig auftreten, behandelt werden.

Der wohl häufigste und leider auch sehr hohen Sanierungsaufwand erfordernde Schadenspunkt ist der Knotenpunkt **Sparrenfuß/Balkenkopf.**

Infolge des Anfalls an Niederschlagwasser im Traufbereich, infolge von Leckstellen in der Dachhaut, an Dachrinnen und Fallrohren und aufgrund der oft nicht vorhandenen Lüftung sind hier ideale Bedingungen für Holzpilze und Holzinsekten gegeben. Besondere Durchfeuchtungsgefahr geht von sogenannten liegenden Dachrinnen aus, die in der Dachebene über der Außenwand angeordnet wurden. Siehe Bild 6.5., Punkt A sowie Bild 6.6. und 6.7. Die gleiche Schadenszone findet sich im Auflagerbereich auch bei Bögen und Bindern.

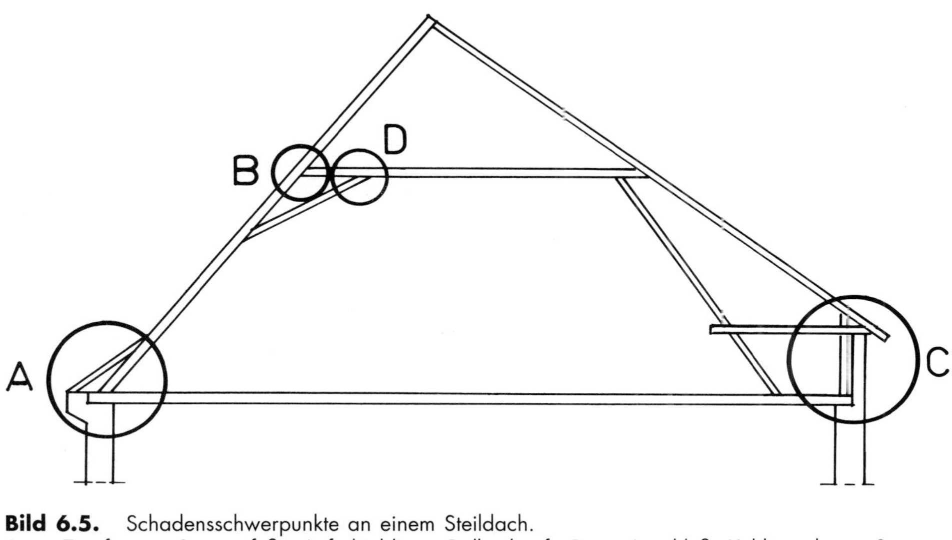

Bild 6.5. Schadensschwerpunkte an einem Steildach.
A = Traufzone, Sparrenfuß, Aufschiebling, Balkenkopf; B = Anschluß Kehlriegel an Sparren; C = Drempel mit eingemauertem Drempelstiel und Zange; D = Anschluß Kopfband am Kehlriegel

Bild 6.6. Zerstörung der Traufzone durch defekte „liegende" Dachrinne.

Bild 6.7. Zerstörte Sparrenfüße und Balkenköpfe durch Braunfäule und Hausbockbefall, Hauptursache: Leckstellen in Dachhaut und eingemauerte Schwellen.

Der Anschluß **Kehlriegel zum Sparren** wurde meist ungenügend gesichert – und nach langer Standzeit mit Last- und Klimawechseln werden hier folgende Schäden beobachtet:

- Die **Zapfen** sind durch Holzinsektenfraß, weniger häufig durch Braunfäule, geschwächt. Bei Sicherung durch einen Holznagel ist nur eine geringe Kraftübertragung möglich, und oft sind die Holznägel locker oder gebrochen.
- Die **Längsaussteifung** ist oft unzureichend. Dachlatten allein genügen nicht! Windrispen und Kopfbänder müssen kraftübertragend angeschlossen sein und die ganze Dachfläche erfassen!
- Die **Mittelpfetten** sind früher im allgemeinen relativ gering dimensioniert worden. Dies ist besonders kritisch, wenn die Kopfbänder nicht mehr vorhanden oder nicht mehr kraftübertragend sind.
- Hat das Dach einen **Drempel** (Kniestock) und wurden die Drempelhölzer in die Außenwand eingemauert, ist in sehr vielen Fällen die Tragfähigkeit dieser Hölzer nicht mehr gegeben. Schadorganismen, öfter auch der Echte Hausschwamm, sind die Zerstörer mit Fraßgängen und Braunfäule (vgl. Bild 6.5. Pkt. C).
- Und schließlich noch eine dem Menschen zuzuschreibende Schädigung: das **Entfernen von Holzbauteilen** im Laufe der langen Nutzzeiten. Häufig sind es Kopfbänder und Zangenhölzer an Stuhlsäulen, aber auch „störende" Kehlriegel werden ausgebaut.

6.3. Hinweise zu Tragfähigkeit und Verformung

Die Feststellung, ob Instandsetzungen oder Verstärkungen erforderlich sind, setzt die Beurteilung der *einzelnen* Bauteile und Verbindungen voraus. Darüber darf jedoch nicht das Tragverhalten des *Gesamt-Dachtragwerkes* vergessen werden.
Das Erkennen des zutreffenden **statisch-konstruktiven Modells** ist bei vielen alten Dachkonstruktionen nicht einfach, und Erfahrung ist hier einzubringen.
Noch größere Bedeutung hat die richtige Modell-Erfassung bei Umnutzungen, bei Lasterhöhungen oder falls bestimmte „Holzstäbe" aufgrund der neuen Nutzung entfernt werden sollen.
Augenmerk ist besonders auf folgende Punkte zu richten:

- Wie ist der **Anschluß** der einzelnen Stäbe einzuordnen: gelenkig, elastisch oder starr eingespannt? Es kann festgehalten werden, daß bei alten Konstruktionen fast immer ein gelenkiger Anschluß vorliegt. Ausnahmen sind z. B. steife Verbretterungen von Rahmenecken.

Bild 6.10. Aufdoppelung von Sparren und Balken mit Stahlstiften und Anschluß des Sparrens mittels Rückversatzes.

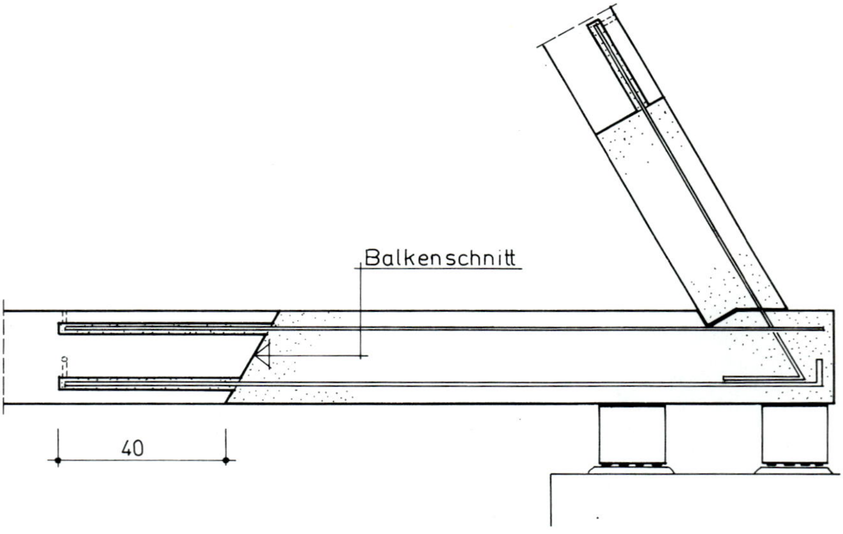

Bild 6.11. Prinzip-Skizze für Balkenkopf- und Sparrenfuß-Ersatz durch Polymerbeton und Anschluß-Bewehrung.

Bild 6.12. Sanierung von Sparrenfüßen und durch Hausschwamm geschädigten Balkenköpfen mit Polymerbeton und Bewehrung.
a) während der Betonier-Phase (oben); b) Detail mit eingeformtem Versatzeinschnitt (unten)

Bild 6.13. Variante, Sanierung von Sparrenfüßen.
Sanierung Fußbereiche von Sparren und schräger Stuhlsäule sowie Balkenkopf.
a) Schadensbild (oben); b) Sanierung eines derartigen Bereiches mit Polymerbeton mit in Nuten eingeklebter Bewehrung (unten)

Das Bild 6.11. zeigt die Prinzip-Skizze für eine einfache Variante des Balkenkopf- und Sparrenfuß-Ersatzes mit Polymerbeton, das Bild 6.12. zeigt ein Ausführungsbeispiel dazu. Die Nachformung des Versatzeinschnittes im Beton ist zu erkennen.

Noch aufwendiger wird die Sanierung in der Stuhlebene, wenn Sparren und schräge Stuhlsäule am Fuß sowie der Balken zerstört sind. Hier lohnt sich eine Sanierung mit Polymerbeton besonders (siehe dazu Bild 6.13.).

Hingewiesen wird noch auf die **Auflagerzone**. Bei altem Mauerwerk ist eine Sperrschicht aufzulegen, darauf ein Schwellholz, möglichst aus Eiche. Das Schwellholz ist mit dem Mauerwerk zu verankern.

6.4.2. Anschluß Kehlriegel/Sparren

Bei Kehlriegel-Dächern wurde dieser Anschlußpunkt bei einem einteiligen Riegel meist mit Zapfen und einem Holznagel als Sicherung hergestellt. Diese Verbindung ist sehr nachgiebig und kann vorrangig symmetrische Belastung aufnehmen.
Dieser Punkt sollte bei Umbaumaßnahmen verbessert werden.
So können, wenn der Denkmalschutz es zuläßt, statt der Holznägel Stahlstifte in die etwas weiter gebohrten Löcher straff eingeschlagen werden. Noch wirksamer ist die Anordnung von beidseitigen Laschen. Soll eine Versteifung erreicht werden, ist eine schräge Verbretterung aufzuschrauben.

6.4.3. Verstärkung von Pfetten

Es zeigt sich häufig, daß Mittelpfetten, durch relativ große Einzugsbreiten und Spannweiten, schon durch Dach-, Wind- und Schneelasten erheblich beansprucht werden.
Durch einen Dachgeschoßausbau, zumal wenn in dieser Ebene noch eine Geschoßdecke ausgebildet wird, ist die ursprüngliche Pfette dann meist nicht mehr ausreichend tragfähig. Es sind Verstärkungen erforderlich, die möglichst neben oder unter der vorhandenen Pfette vorzusehen sind.
Möglichkeiten zeigt Bild 6.14.

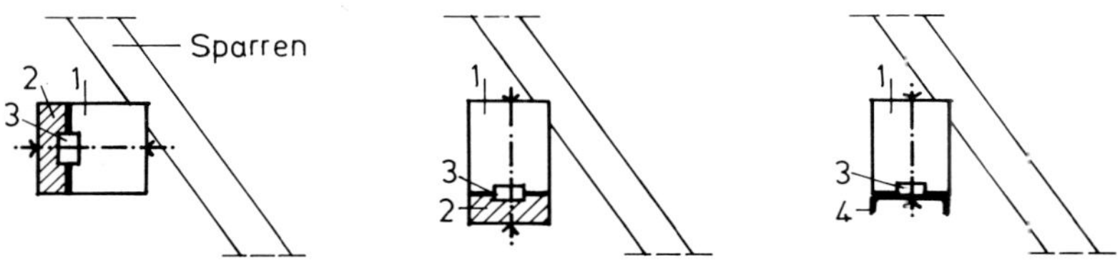

Bild 6.14. Verstärkungen von Pfetten, besonders Mittelpfetten, bei Lasterhöhungen infolge Dachgeschoßausbau.
1 vorhandene Pfette; 2 Kantholz oder Preßschichtholz; 3 Dübel, z. B. Dornringdübel; 4 Stahl-U-Profil

Dabei sind die Gesamtquerschnitte als Verbundquerschnitte gemäß DIN 1052 und entsprechend Abschnitt 5 anzusetzen. Bei üblichen Lasterhöhungen kann schon ein an der Balkenunterseite angedübelter Flachstahl ausreichen [6.5.].

6.4.4. Aussteifungen

Die wesentlichen Aussteifungsarten sind in Bild 6.15. dargestellt.

Dachschalung
Vollflächige Dachschalungen werden oft als ausreichend für eine wirksame Längsaussteifung angesehen. „Es ist ja eine Scheibe!" Um eine Schalung als scheibenartige Aussteifung bewerten zu können, sind allerdings einige konstruktive Forderungen zu realisieren wie:

- Jedes Brett ($b \geq 12$ cm) ist auf jeder Auflagerstelle mit mindestens 2 Nägeln zu verbinden.
- Die Brettstöße sind um mindestens zwei Binderabstände gegeneinander zu versetzen. Die Stoßbreite darf nicht mehr als 1,0 m betragen.
- Die Länge der Dachfläche darf 25 m nicht überschreiten.
- Zur Aufnahme von Windlasten **in** Brettrichtung sind Diagonalen bzw. Verbände erforderlich.
- Wenn Dachschalung neu aufgebracht wird, sollte dies in den Endfeldern diagonal erfolgen.

Dachlatten
Dachlatten allein dürfen im allgemeinen nicht als ausreichende seitliche Stützung von Druckgurten betrachtet werden. Liegt die Spannweite des Daches unter 15 m und der Binder- bzw. Sparrenabstand unter 1,25 m, wird die Stützung akzeptiert.
Die Dachlatten müssen an jedes Auflager mit mindestens einem Nagel angeschlossen sein.
Dachlatten, die einen kleineren Querschnitt als 4/6 cm aufweisen, sind für Sparrenabstände größer 90 cm nicht ausreichend.

Windrispen
Windrispen sind diagonal unter den Sparren angebrachte Bohlen, die bei festem Anschluß, z. B. je Sparren 2 große Nägel, einen sehr guten Aussteifungseffekt ergeben. Jeder Sparren muß mit einem Dreieck-Stabzug erfaßt sein. Diese Aussteifung läßt sich günstig bei Kehlbalkendächern anbringen. Alte Ausführungen weisen meist eine Verblattung mit dem Sparren auf. Die Befestigungen sind kraftschlüssig auszubilden.

Andreaskreuze in Dachebene
Bei Steildächern mit liegenden Stühlen und Längsriegeln wurden häufig zwischen den Stuhl-Gespärren Andreaskreuze eingebaut (Bild 6.16.).

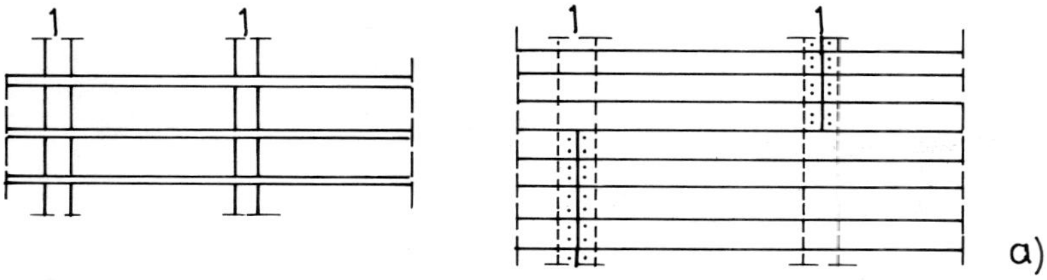

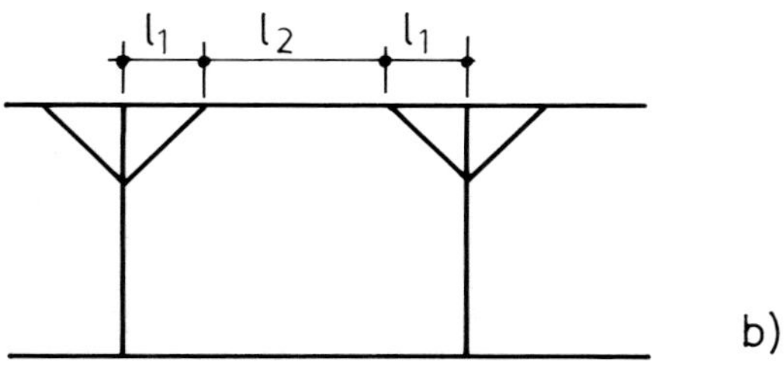

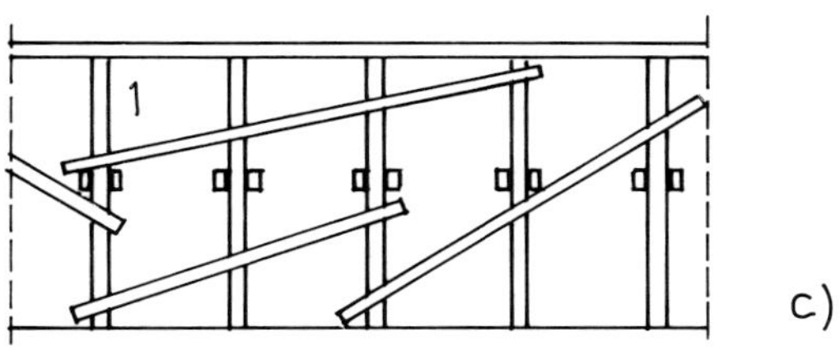

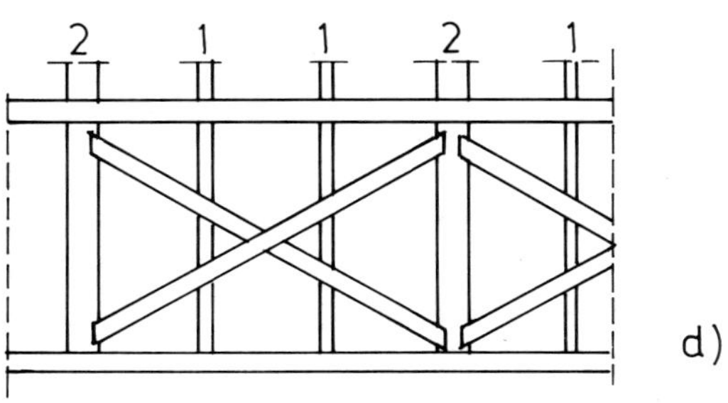

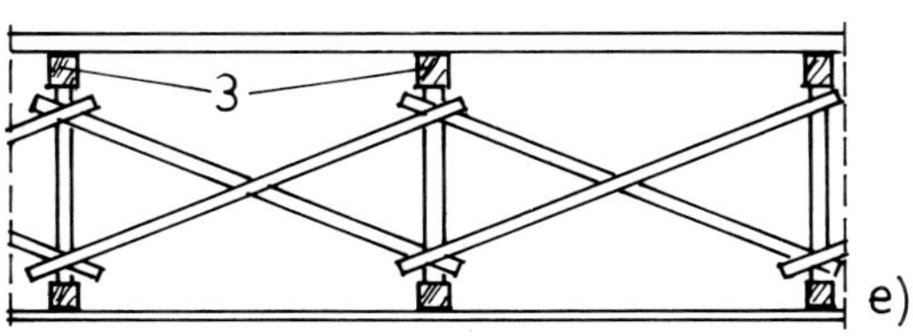

Bild 6.15. Aussteifungsarten in Dachlängsrichtung.
a) Dachlatten, Schalung; b) Kopfbänder; c) Varianten Windrispen; d) Andreaskreuze in Dachebene; e) Längsverbände bei Bindern, vertikal und horizontal
1 Sparren; 2 Stuhl; 3 Dachbinder

Tafel 7.2. Typische Maßnahmen bei der Sanierung von Fachwerkhäusern

A. Bautechnische Maßnahmen
1. Richten von Wänden und Dachkonstruktionen
2. Entfernung von Fachwerkstäben
3. Freilegung von Fachwerken unter Außenputz
4. Fachwerkhölzer - Instandsetzung und Schutz
5. Ausfachungen - Lehm, Ziegel, neue Materialien
6. Erhöhung der Wärmedämmung
B. Gestaltungsprobleme
1. Maßstäblichkeit
2. Farbgebung
3. Verkleidungen
4. Imitationen von Fachwerk

- Schönheit hat ihren Preis, d. h. diese General-Sanierungen sind meistens teuer. Eigenleistung kann einiges reduzieren.
- Man muß Kompromisse mit dem alten Bauwerk eingehen, wenn man es nicht „vergewaltigen" will.

Das Ergebnis ist allerdings auch ein wahres Unikat; es ist historisch und modern-wohnlich zugleich.

In Tafel 7.2. sind die im folgenden behandelten Sanierungsmaßnahmen aufgelistet.

7.2. Bauweise, Struktur

Der Fachwerkhausbau ist eine Form des **Skelettbaues.** Die Tragkonstruktion ist das Holz-Stabwerk, welches sowohl vertikale als auch horizontale Lasten aufnimmt. Das wird schon beim Aufbau eines solchen Gebäudes deutlich (Bild 7.1.).

Im Gegensatz zu Mauerwerksbauten sind Decken und Dachkonstruktionen Teil des Gesamt-Gefüges. Wesentlich ist, daß man sich verdeutlicht, daß diese Konstruktion ein **gelenkiges Gefüge** darstellt. Dadurch ist es auch erforderlich, die

Bild 7.1. Holz-Skelett eines Fachwerkhauses beim Wiederaufbau (Museum Landwüst).

Fachwerkwände durch Dreieck-Strukturen gegenüber horizontalen Kräften und gegen Verschieben zu sichern. Dies erfolgt am wirksamsten durch geschoßhohe Streben, deren Neigung nicht zu steil sein darf.
Die senkrechten Hölzer werden bezeichnet als Stiel, Pfosten, Eckstiel, die waagrechten Hölzer als Schwelle, Riegel, Rähm. Die Schrägen sind Streben, Kopfbänder, Fußstreben und als Figuren z. B. Andreaskreuze, Rauten, wilder Mann, Feuerbock. Die Darstellung dieser Holzstrukturen können z. B. aus [1.3., 1.4.] entnommen werden.

Das für den Fachwerkbau wichtigste Holz war bis in das 19. Jahrhundert **Eichenholz.** Regional unterschiedlich wurde mehr oder weniger auch Fichte verwendet. So waren im Harz meist nur Schwellen und Eckständer aus Eiche, die übrigen Fachwerkstäbe aus **Fichtenholz.**

Die **Ausfachungen (Gefache)** dienen vorrangig dem Raumabschluß. Sie können auch, z. B. bei Ziegel-Material, zur Lastübertragung und Stabilisierung beitragen. Als Gefach-Material wurde am häufigsten Lehm auf Stakung eingebaut (Bild 7.2.). Dieses Material, dem oft noch Stroh oder Tierhaare für einen besseren Zusammenhalt und eine Rißverhinderung beigemischt waren, weist ein dem Fachwerk angepaßtes elastisches Verhalten sowie ein gutes Wasseraufnahme- und Wasserabgabe-Vermögen auf. Die Außenfläche wurde mit Kalkanstrichen geschützt.

Bild 7.2. Ausfachung mit Strohlehm auf Stakung.
Der untere Bereich ist bereits bis zur Stakung abgefallen.

Bild 7.3. Ausfachung mit Ziegeln.
Ungeeignet ist das Verspachteln der Fugen mit Zementmörtel.

Die Ausfachung mit Ziegelmauerwerk bedeutet eine gute Aussteifung und eine lange Beständigkeit, doch eine geringe Wärmedämmung und die sich ständig öffnenden Fugen zwischen Gefach und Fachwerkholz sind dabei nachteilig (Bild 7.3.).

7.3. Baukonstruktive Maßnahmen

7.3.1. Richten von Wänden

Häufig sind Fachwerkhaus-Wände oder -Giebel nach außen geneigt. Diese im Laufe vieler Jahrzehnte entstandenen Verschiebungen haben als Gründe unterschiedliche Setzungen, mangelhafte oder im Laufe der Zeit zerstörte Verbindungen zu Decken und Dachkonstruktionen oder mangelhafte Aussteifung der Dachtragwerke.
Ein Abweichen von drei bis vier Zentimeter je Geschoß vom Lot sollte toleriert werden.

Erheblich schräge Giebelwände sind im Rahmen von Rekonstruktionen zu richten, wenn die Stand- oder Funktionssicherheit gefährdet ist.
Oberstes Gebot ist dabei: Behutsam vorgehen!

Bild 7.4. Starke Verformungen und Bruch der Stock-Schwelle durch Setzungen und verfaulte Stützenfüße. Gutshof Großenhof bei Grevesmühlen, um 1640.

Ein Zurückholen in eine genau senkrechte Position ist meist nicht möglich – und auch nicht notwendig!
Bei ungleichmäßigen Setzungen sind die Fundamente tragfähig auszubilden.

Die **Vorgehensweise beim Richten** von Giebelwänden ist folgende:

- Absteifen der betroffenen Wand mit Streben
- Verbindungen zur Dachkonstruktion werden gelöst, in den Dachflächen, wenn nötig, auch die Windrispen
- Vorsichtig und langsam mit Winden und Seilen in die gewünschte Richtung ziehen; Streben nachsetzen
- Bei größerem Widerstand ist das Richten zu beenden
- Nach Abschluß des Richtvorganges sind die Wände neu zu arretieren, insbesondere durch neue Zuganker mit Decken und Dachtragwerk, durch Laschen, Streben, durch Holzkeile in den Zapfenlöchern, neue Holznägel. Bei größeren Gebäuden sind Ringanker bzw. durchgehende Zuganker einzubauen.

Bild 7.4. zeigt die starke Durchbiegung und sogar den Bruch einer Stockschwelle infolge von Fundamentsetzungen und dem Verfaulen von Stielfüßen. Hier sollte ein behutsames Anheben und Auffüttern der Stielfüße erfolgen, da auch starke Verformungen und Risse im Innenbereich zu verzeichnen waren.

7.3.2. Freilegen von Fachwerkwänden unter Außenputz

Das in früheren Zeiten als „primitiv" geltende Fachwerkhaus wurde im 18. und 19. Jahrhundert oft mit vollflächigem Putz zugedeckt.
Bild 7.5. zeigt zwei Giebelhäuser, von denen das eine noch eintönig verputzt ist, das andere ist durch das lebendige Fachwerk und die Fensterläden eine Augenweide.

Andererseits gibt es viele verputzte Fachwerkhäuser, die auch ursprünglich nicht als Sicht-Fachwerk geplant waren. Ein weiterer Grund von Unter-Putz-Legen des Holzfachwerkes war die hohe Brandgefahr in den mittelalterlichen Städten.

Wenn bei dieser Verputzung kein durchgehender dicker Putzträger über die Hölzer gezogen wurde, wurden diese häufig durch Braunfäule zerstört.

Heute läßt sich die Form des verdeckten Fachwerkes recht gut mit Aufnahmen einer Infrarot-Kamera, die auf Wärmestrahlung reagiert, sichtbar machen. Dann kann besser entschieden werden, ob auch aus architektonischen Gründen eine Freilegung lohnend ist. Denn das ist durchaus nicht immer der Fall!
Der Zustand der verdeckten Fachwerkhölzer läßt sich durch Ziehen dünner Bohrkerne oder mit dem Bohrwiderstands-Meßgerät feststellen.

Bild 7.5. Zwei gleichartige Fachwerkhäuser, das eine mit sichtbarem Fachwerk, das andere (noch) verputzt (Franken).

Die Fachwerkhölzer sind oft noch gut erhalten, wenn ein dicker Putzträger, z. B. Rohrgeflecht, über den Hölzern liegt. Dies sollte auch bei Neuüberputzungen, wenn dies ausnahmsweise erfolgen muß, beachtet werden.

7.3.3. Instandsetzung und Oberflächenschutz von Fachwerkhölzern

Entfernte Fachwerkstäbe

In früheren Zeiten wurden hin und wieder „störende" Hölzer innerhalb des Gebäudes entfernt, z. B. Kopfbänder oder Zangenhölzer.

Heute sind besonders Streben und Riegel in Außenwänden „in Gefahr", entfernt oder herausgesägt zu werden. Sie stören oft beim Einbau großer Fenster! Eines dieser schlimmen Beispiele zeigt Bild 7.6., bei dem in einem mit viel Aufwand restaurierten Bauernhaus die Streben „durch die Fensterscheibe gehen". Hier muß verlangt werden, daß auf das Fachwerkgefüge Rücksicht zu nehmen ist.

Beim Einbau neuer Hölzer sollte auf angemessene Querschnitte geachtet werden und darauf, daß sie nicht ganz geradlinig sind.

Ersatz stark geschädigter Stäbe

Für den Ersatz sollte möglichst wieder Holz der gleichen Holzart gewählt werden. Wesentlich ist dabei, daß das Holz trocken ist. Noch besser ist es, wenn Altholz zur Verfügung steht (vgl. Bild 1.9.).

Bild 7.6. Durchgesägte Streben haben Platz für große Fenster gemacht! (Mecklenburg).

Bild 7.7. Erneuerung einer stark gefährdeten Fußschwelle mit Polymerbeton (Nöbdenitz, Thüringen).
a) Schwelle und Stielfüße zerstört; b) Formgetreue und resistente Erneuerung mit Polymerbeton

Die Holzoberflächen sollten geringfügig strukturiert werden. Ein gutes Ergebnis wird mit Oberflächenfräsen für Fachwerkhölzer erzielt.
In stark exponierten Lagen, z. B. Fußschwellen an von Straßenrändern, wo Spritzwasser, Schnee und Tausalze häufig angreifen, kann als dauerhafte Lösung auch ein Ersatz durch Polymerbeton in den ursprünglichen Abmessungen sinnvoll sein. Die Bilder 7.7. a) und b) zeigen die vorteilhafte Sanierung in einem solchen Fall.

Oberflächenbehandlung der Hölzer
Zunächst soll die Notwendigkeit eines chemischen Holzschutzes bei diesen Außenbauteilen angesprochen werden. Laut DIN 68800 Teil 3 sind Außenbauteile mit Wetterbeanspruchung ohne ständigen Erdkontakt in die Gefährdungsklasse 3 einzuordnen und sind gegen Pilz- und Insektenbefall zu schützen. Dennoch ist im Einzelfall abzuwägen, wie weitgehend eine Schutzbehandlung erfolgen soll. Bei alten, schnell austrocknenden Hölzern ohne dichten Anstrich ist ein Neubefall kaum wahrscheinlich.
Eine Ausnahme sind hier Anobien. Wenn die Rekonstruktion eines Fachwerkhauses erfolgt, wird deshalb dafür plädiert, eine Schutzbehandlung der Oberflächen vorzunehmen. Gerade die feinen Holzrisse sind meist die Ausgangspunkte für die Ei-Ablage oder für Blättlingsbefall.
Zu empfehlen ist dreimaliges nasses Streichen. Von den Holzschutzmittel-Herstellern werden dazu dünnflüssige ölige Mittel als Dünnschicht- oder Dickschichtlasur in verschiedenen Farbtönen angeboten.
Für alle weiteren Oberflächenbehandlungen muß Grundsatz sein: Die Hölzer müssen atmen können!
Also keine diffusionsdichten Farbanstriche aufbringen. Die so beliebte Klinker-Verblendung vor den Fußschwellen als „Nässeschutz" ist ein Fehler. Dahinter geht die Holzfäulnis schnell voran!
Breite Risse sollen nicht mit Zementmörtel oder dichten Kitten geschlossen, sondern mit keilförmigen Leisten, möglichst aus Eiche, ausgespant werden.

7.3.4. Instandsetzung von Ausfachungen

Die beiden Hauptmaterialien für die Ausfachung des Holzskelettes sind Lehm und Ziegel.

Und immer stellt sich, zumal bei denkmalgeschützten Gebäuden, die Frage, wie kann das alte Gefach-Material erhalten und instandgesetzt werden? Die Ausfachungen müssen die genannten zahlreichen Funktionen vom dichten Raumabschluß über die Wärmedämmung bis zum Fugenschluß zu den Fachwerkhölzern erfüllen. Und das bei nur 15 cm Wanddicke!

Instandsetzung von Lehm-Ausfachungen
Lehm ist für Fachwerkhäuser ein gut geeigneter Baustoff. Er ist elastisch, er schwindet und quillt auch wieder, er ist atmungsaktiv. Lehm und Kuhhaare sind heute schwierig beschaffbar, sind aber eine ideale Kombination!

a) Reparaturen, örtliche Ergänzungen

Reparaturen an Lehmausfachungen sollten grundsätzlich wieder mit Lehm durchgeführt werden.
Der alte Lehm wird angefeuchtet und aufgerauht.
Dann wird neuer Lehm, mit Strohhäcksel oder Tierhaaren gemischt, aufgebracht.
Als Faustregel für einen Stroh-Lehmmörtel gilt:

etwa 4 Raumteile Lehm
1 Raumteil Sand
6 bis 12 kg Strohhäcksel/m^3 Lehm.

Entstandene Schwindrisse können mit Lehmschlämme geschlossen werden.
Als Oberflächenschutz sollte eine Kalkschlämme aufgebracht werden.

b) Mäßige Schädigung, Lehm nur 1 bis 2 cm tief abgefallen

Hier sollte ein Putzauftrag erfolgen. Die Mindestdicke des Putzes sollte 15 mm betragen, um eine Durchfeuchtung der Lehmschicht und ein Abdrücken des Putzes zu verhindern. Es ist Kalkputz mit gelöschtem Kalk zu verwenden.

c) Starke Schäden, Staken sichtbar (Bild 7.2.)

Zu diesem Falle werden zwei Möglichkeiten genannt:
- Auf Stakung Putzträger, z. B. Drahtgitter, auflegen und an Fachwerkhölzern, z. B. mit Breitkopfnägeln, befestigen. Darauf 2 Lagen Kalk-Zement-Putz, wobei die 2. Lage nur wenig Zement enthalten darf. Mögliche Zusammensetzung der 2. Lage:
  15 RT Sand, 4 RT Löschkalk, 0,5 RT Zement.
  Der Putz wird bündig mit den Fachwerkhölzern abgezogen und an den Hölzern eingeschnitten.
- Die zweite Variante ist die komplette Erneuerung mit einem Stroh-Lehm-Gemisch und abschließendem Kalkschlämme-Auftrag.

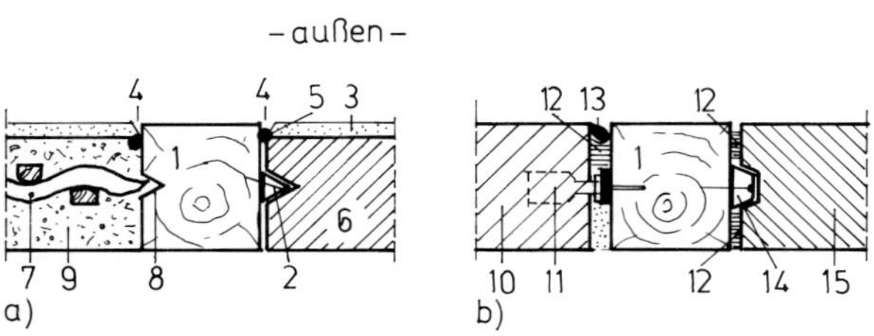

Bild 7.8. Fuge zwischen Hölzern und Ausfachungen.
a) einfache Lösung bei altem Gefachmaterial; b) neue Varianten mit großer Dichtigkeit bei Ausfachung mit Ziegeln
1 Fachwerkstiel; 2 Dreikantleiste; 3 Außenputz >15 mm; 4 Fugeneinschnitt; 5 Dichtungsstrick; 6 Ziegel; 7 Stake oder Geflecht; 8 Einkerbung im Stiel; 9 Lehm; 10 Neuziegel; 11 Anker oder Winkel; 12 kompressibler Dichtstreifen z. B. Schaumstoff; 13 dauerelastischer Kitt; 14 Trapez-Leiste; 15 Formziegel

Instandsetzung von Ziegel-Ausfachungen

Ziegel-Ausfachungen sind nicht so leicht zu ergänzen wie Lehm-Gefache. Zum einen sind teilzerstörte Ziegel kaum reparierbar, zum anderen klafft auch meist eine relativ breite Fuge zwischen Hölzern und den Ziegeln (Bild 7.3.). In vielen Fällen muß das ganze Gefach herausgenommen und erneuert werden.
Um eine einigermaßen dichte Verbindung zwischen Holz und Ziegelgefach zu bekommen, sind Dreikantleisten o. ä. an die Hölzer zu nageln, und die Ziegel sind auszuhacken (Bild 7.8. a).

Neue Ausfach-Materialien

Werden ganze Gefache entfernt, können verschiedene neue Gefach-Materialien eingebaut werden. Allerdings sind diese bei denkmalgeschützten Gebäuden nicht frei wählbar, sondern mit der Denkmalschutzbehörde abzustimmen. Es erfolgt hier eine beispielhafte Auflistung.

- Gasbeton-Steine mit Putz
- Leichttonmörtel
- Holzspäne-Magnesia-Gemisch zwischen HWL-Platten
- dampfdurchlässige Kunststoffschäume.

Im Abschnitt 7.4. wird auf einige Materialien näher eingegangen.

Bild 7.9. Vorstehender Putz mit ungenügender Abschrägung und zu dichtem Anstrich auf Lehm führt schon nach kurzer Zeit zu Feuchteschäden und Abplatzungen.

Bild 7.10. Stark vorstehender Putz bei einer Schmuckfassade; kleine Flächen und starke obere Abschrägung lassen eine bessere Langzeitbeständigkeit erwarten (Colmar).

Vorstehender Putz

Die Frage, ob vor den Fachwerkhölzern vorstehender Putz akzeptiert werden kann, ist für den Normalfall mit „Nein" zu beantworten. Es ist für den Erhalt der Wandfläche, insbesondere für das schnelle Ablaufen des Regenwassers, besser, Fachwerkhölzer und Ausfachung außen bündig auszuführen.

Soll jedoch zum Beispiel bündiges Gefachmauerwerk verputzt werden, muß der vorstehende Putz einige Forderungen erfüllen: Er ist an den Fachwerkhölzern stark abzuschrägen, und es darf kein Anstrich mit hohem Diffusionswiderstand aufgebracht werden. Sonst stellen sich schon nach kurzer Zeit Durchfeuchtungen, Abplatzungen und Zerstörungen (Bild 7.9.) ein.

Eine (noch) intakte, vorstehende Putzfläche mit einer starken Abschrägung zeigt Bild 7.10., wobei das Langzeitverhalten noch abgewartet werden muß.

7.3.5. Fuge zwischen Hölzern und Gefachen

Diese Problemzone des Aneinander-Fügens von Holzstäben und Gefachmaterial ist leider oft im wahrsten Sinne des Wortes eine „Fuge", durch welche die Luft hindurchweht.

Das ist durchaus nicht nur bei alten, maroden Gefachen der Fall, sondern auch bei nicht fachgerechter heutiger Sanierung festzustellen.

Für eine dichte, funktionsfähige Fugenausbildung sind das Gefachmaterial und die Fugenmaterialien bestimmend. Die auch früher übliche, an die Hölzer angenagelte Dreikantleiste allein wird heutigen Forderungen nur bei einfacher Nutzung gerecht.

Bild 7.8. b) zeigt einige Möglichkeiten für eine erhöhte Dichtigkeit gegenüber Wasser, Luftdurchgang und Temperaturunterschieden.

Sicherung der Dichtigkeit
Unabhängig vom verwendeten Fugen-Material ist zu beachten:

- Die Seitenflanke des Holzes sollte auf 1 bis 2 cm Tiefe freiliegen und schnell entfeuchten können. Ein häufiger Fehler ist das völlige Zuspachteln mit einem dichten Kitt o. ä. Das Holz an der Außenzone arbeitet aufgrund von Temperatur- und Feuchtewechseln so, daß dieser Kitt früher oder später reißt oder sich vom Holz löst. Wenn dann Feuchtigkeit eindringt, wird sie nur sehr langsam wieder ausgetrocknet.
- Bei Dichtungsmaterial, insbesondere zusammengedrückten Schaumstoffen, muß eine Dauerelastizität vorhanden sein, damit bei Dehnungen keine durchgängigen Fugen entstehen.
- Das Ausmörteln von Fugen mit Zementmörtel bei alten Ziegel-Gefachen ist keine geeignete Methode. Es werden sich immer wieder Risse und Ausplatzungen ergeben (Bild 7.3.).

7.4. Verbesserung der Wärmedämmung

Die Erhöhung der Wärmedämmung ist beim Ausbau und der Neu-Nutzung von Fachwerkhäusern immer eine der wichtigsten zu lösenden Aufgaben. Die Bedingungen sind kompliziert, besonders wenn die alten Wände erhalten bleiben. Auch die Art der zukünftigen Nutzung und die Ansprüche der Bauherren ergeben oft zusätzliche Probleme.

Zur Entstehungszeit der Fachwerkhäuser lagen völlig andere Nutzungsbedingungen vor als heute. Die Abführung von feuchter, warmer Luft durch Schornsteine und Kamine, die Zufuhr frischer Luft mit geringerem absolutem Feuchtegehalt durch undichte Fenster und andere Fugen sind nach einer Modernisierung nicht mehr gegeben. Der ursprünglich hohe Dampfdurchgang durch die Wände und durch die Decke zum nicht ausgebauten Dachraum ermöglichte eine schnelle Abführung überschüssiger Luftfeuchte.

Die heutigen hohen Forderungen der Wärmedämmung von Gebäuden, die bei Fachwerkhäusern umgesetzt werden mit neuen, absolut dichten Fenstern und mit nicht geeigneten Dämm- und Dicht-Materialien bzw. einem fa schen Wandaufbau, können langfristig Kondensatwasser in den Konstruktionen und Schäden, vor allem an den Fachwerkhölzern, bewirken.

In der Wärmeschutz-Verordnung (Ausgabe vom 24. 02. 1982) wird für die Begrenzung des Wärmedurchganges bei Ersatz und Erneuerung von Bauteilen für Außenwände ein maximaler Wärmedurchgangskoeffizient von k = 0,60 W/m^2 K gefordert. Dieser Wert ist von der vollen Wandfläche zu erbringen. Die Fenster sind hier nicht enthalten. Bei Fachwerkhauswänden ist diese Forderung bei Beibehaltung eines kapillaren Wassertransportes durch die Wand kaum zu erreichen.

Bei Sicht-Fachwerk kann die Wärmedämmung nur innen angeordnet werden, was einen besonders sorgfältigen und bauphysikalisch richtigen Wandaufbau erfordert.

Es werden **drei prinzipielle Möglichkeiten** einer erhöhten Wärmedämmung bei Verhinderung von Tauwasserausfall aufgeführt:

1. Anordnung einer Dampfsperre an der Innenseite der Wand

Diese Sperrung des Feuchtetransports vom Innenraum in die Wand ist grundsätzlich und theoretisch die beste Lösung. Sie wird auch bei Außenwänden der modernen Fertighäuser in Holzständer- oder Holztafelbauweise angewendet. Die Praxis bei alten Fachwerkwänden kann jedoch Fehlstellen, besonders bei Anschlüssen an Fußböden, Decken und Innenwänden, nicht ausschließen. Die feuchtwarme Raumluft dringt dann doch in die Wand ein, während ein Entfeuchten durch die Dampfbremse erheblich erschwert ist. Diese Lösung ist somit nur bei einfachen Anschlüssen und bei absolut dichter Ausführung anwendbar. Als Dämmstoffe kommen hier zum Beispiel Mineralfasermatten in Frage.

2. Dämmung ohne Dampfsperre und mit gutem kapillarem Transportvermögen

Hier können extrem hohe Dämmwerte nicht erreicht werden, ohne daß die Wände feuchtemäßig überlastet werden. Mit dem Einbau von Dämmstoffen, die ein gutes kapillares Wassertransportvermögen haben, wird das alte Prinzip der atmenden Wand erhalten und verbessert. Bei zu hoher innerer Dämmung wird im allgemeinen auch der Wasseranfall in Fachwerkebene groß. Und der untere Grenzwert des Wasseranfalls von 0,5 kg Wasser pro m^2 Wandfläche in einer Winterperiode laut DIN 4108 Teil 3 sollte bei dem hier eingebauten Holzfachwerk nicht überschritten werden. Die kapillare Wasserbewegung ist allerdings sehr leistungsfähig.
Geeignete Dämmstoffe für kapillaren Wassertransport:

- Strohlehm mit niedriger Rohdichte (ρ = 800 kg/m^3)
  Mit 10 cm Dicke erfolgt eine Verbesserung des k-Wertes der Wand auf etwa k = 1,0 W/m^2 K (bei λ = 0,23 W/m K).

- HWL-Platten
  mit λ = 0,09 W/m K. Die Plattendicke sollte 3 cm wegen des dann zu hohen Wasserausfalls nicht überschreiten.
- Leichttonmörtel
  mit einer Rohdichte von 800 kg/m^3 und λ = 0,23 W/m K, ähnlich wie leichter Strohlehm.
- Schilf-Dämmplatten
  mit λ = 0,048 W/m K. 5 cm dicke Platten ergeben bereits einen Wärmedurchlaßwiderstand R = 1,04 m^2 h/kcal. Bei Fachwerkwänden sollten 3 cm Dicke nicht überschritten werden.
- Wärmedämmputz, der auch außen angeordnet werden kann und diffusionsoffen sein muß [7.1.].

Nicht geeignete Dämmstoffe für diesen Wandaufbau sind solche mit geringer kapillarer Leitfähigkeit:
- Gasbeton
- Mineralwolle
- dichte Kunststoffschäume.

3. Wandaufbau mit Luftschicht

Diese Variante der von der alten Fachwerkwand in Abstand gesetzten wärmedämmenden Innenschale ist besonders umstritten.
Entscheidend ist bei einer solchen Anordnung, daß die Luftschicht nicht mit der warmen Innenraumluft in Kontakt kommt! Denn dann kondensiert das Wasser an der kühlen Innenseite der ursprünglichen Fachwerkwand. Beim Vorsetzen einer wärmedämmenden Innenschale soll die Luftschicht durch Wandöffnungen **mit der Außenluft verbunden** sein (Lüftung!).
Das Prinzip der drei Varianten zeigt Bild 7.11.

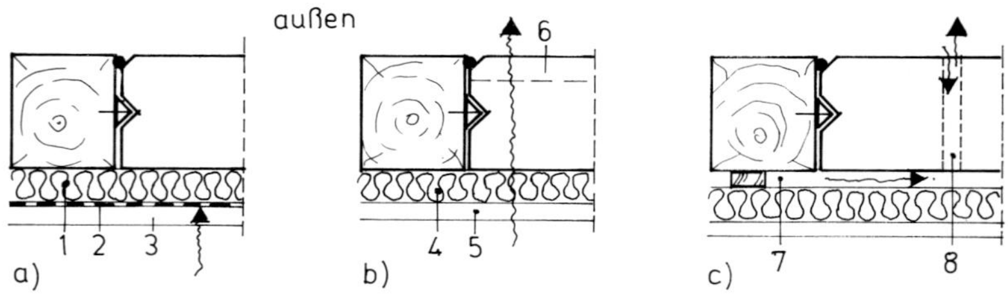

Bild 7.11. Varianten einer erhöhten Wärmedämmung von Fachwerkaußenwänden.
a) Dämmschicht mit Anordnung einer Dampfsperre; b) Dämmschicht ohne Dampfsperre und mit kapillarem Transportvermögen; c) Aufbau mit Luftschicht
1 Dämmschicht, z. B. Miwo; 2 Dampfsperre, z. B. Polyäthylen-Folie; 3 Gipskarton; 4 Dämmschicht mit kapillarem Feuchtetransport; 5 Putz; 6 Wärmedämmputz, nur außen oder ganze Gefachtiefe; 7 Luftschicht d = 3 bis 4 cm; 8 Lüftungsöffnungen nach außen

Bauphysikalische Nachweise sind mit entsprechenden Computer-Programmen mit verschiedenen Material-Kombinationen schnell zu führen. Doch sollten die oben genannten Gesichtspunkte wie die Sicherheit der Ausführung und der bei den Rechenmodellen bisher nicht erfaßte kapillare Wassertransport berücksichtigt werden.

In [7.1.] werden Ergebnisse des Feuchteverhaltens von Fachwerkaußenwänden unter verschiedenen Bedingungen zusammengestellt. Der äußere Bereich der Fachwerkhölzer – etwa 4 cm – weist nach einer Tauperiode hohe Feuchtewerte auf, die im Sommer wieder völlig abgebaut werden. Günstig wirken sich danach diffusionsoffene und gut dämmende Gefachmaterialien und mäßige Dämmeigenschaften der inneren Wärmedämmschicht aus.

7.5. Gestalterische Gesichtspunkte und Maßnahmen

Historische Fachwerkhäuser wurden aus bodenständigen Baustoffen errichtet. Die Konstruktion des Fachwerkes ergab vielfache Gestaltungsmöglichkeiten. Die Fenster waren kleinformatig, und die Dachhaut entsprach regionalen Besonderheiten. Bereits diese wenigen Punkte machen die Sensibilität dieser Gebäudeart in architektonischer Hinsicht deutlich.

Nachfolgend wird auf einige Aspekte hingewiesen und auch auf Imitationen von Fachwerk eingegangen.

7.5.1. Maßstäblichkeit wahren

Es geht hier vor allem um das Erhalten oder bei Verlust auch um das Ergänzen von kleinteiligen Bauelementen. Dazu zählen Fenster, Türen, Fensterläden und Dachaufbauten.

Bild 7.12. zeigt dafür ein gutes Beispiel:
Fenster mit Oberlichtteil und Fensterläden, Fachwerkstruktur nicht verändert. Lediglich die Fenster hätten zweiflügelig ausgebildet werden sollen, doch ein solcher Kompromiß im Interesse des Nutzers ist vertretbar.

Ein negatives Beispiel aus der gleichen Region zeigt Bild 7.13. Große Fenster mit einer durchgehenden Glasfläche wirken oft wie leere Augenhöhlen. Als Fremdkörper wirkt das breite Fenster im Obergeschoß des Giebels. Für diesen Fenstereinbau wurden zudem alte Fachwerkstäbe entfernt.

Abzulehnen ist auch das „Öffnen“ der Erdgeschoßzone für großflächige Schaufenster, wenn dann das darüberliegende Fachwerk sozusagen in der Luft schwebt.

Bild 7.12. Fachwerkhaus mit akzeptabler Wahrung der Maßstäblichkeit bei Fenstern und Erhaltung von Fensterläden und Fachwerkstruktur. Gebiet Altenburg/Thüringen.

Bei Fenstern ist eine Sprossenteilung durchaus nicht immer typisch und erforderlich. Eine Abstimmung mit dem zuständigen Denkmalpfleger bringt Klarheit.

7.5.2. Farbgebung

Die farbliche Gestaltung der Hölzer und Gefache war ursprünglich vielfältig mit starken regionalen Unterschieden. Sie fügte sich harmonisch ein in das Gebäude, in den jeweiligen Ort und in die Landschaft.
Heute ist zu häufig eine „Schwarz-Weiß-Malerei" zu sehen, das heißt die Gefache blendend weiß, die Hölzer nahezu schwarz gefärbt. Diese Kombination ist z. B. bei norddeutschen Bauernhäusern mit großen Reetdächern typisch und angebracht (vgl. Bild 7.6.), nicht jedoch im mitteldeutschen Raum. Auch andere zu kontrastreiche Farbgebungen sind nicht zu wählen. Braune oder grüne Färbungen der Hölzer und gelb- bzw. ockerfarbige Gefache zum Beispiel sind harmonischer (Bild 7.14.).

Bild 7.13. Unmaßstäblichkeit der neu eingesetzten Fenster; brutal in den Giebel eingesetztes großes modernes Fenster unter Entfernung von Fachwerkstäben. Bauernhof Gebiet Altenburg/Thüringen.

Bild 7.14. Harmonische Farbgebung eines Bauernhauses mit braunen Fachwerkhölzern und gelben Ausfachungen. Gebiet Waldenburg/Sachsen.

Bild 7.15. Ausgeprägte Farbigkeit von Fachwerkhaus-Fassaden im nördlichen Harzgebiet. Beispiel aus Wernigerode: Verschiedene Farben bei Fußpalmetten, Gebälk mit Kehlung und Tonnen; Gefache orange.

Zu beachten ist, daß die Farbe der Gefache nicht dominierend ist.

Eine starke Farbigkeit, ja Buntheit, weisen Fachwerkhäuser in einigen begrenzten Regionen auf. Mit Bild 7.15. wird dafür ein Beispiel aus dem nördlichen Harz-Gebiet gegeben.

Auch bei der Wahl der Farben sollte die Denkmalpflege konsultiert werden.

Bezüglich der Wahrung der Maßstäblichkeit der Bauteile und harmonischer Farbgebung wird ein völlig rekonstruiertes Fachwerkhaus im oberen Maingebiet gezeigt (Bild 7.16.).

Die Kleinformatigkeit der Fensterteilung, die Fensterläden und andere Details wurden mit viel Einfühlungsvermögen erhalten bzw. wiederhergestellt. Das Gebäude wird als Pension genutzt; viele Menschen nehmen heute diese ursprünglichen Formen und Materialien als „Behausung" gerne an.

a)

b)

Bild 7.16. Völlig rekonstruiertes Fachwerkhaus (Bauernhof) in Franken, Gebiet um Staffelstein. a) Typisch fränkisches Fachwerk mit weiter Ständerstellung, rotbraune Färbung der Hölzer; b) Schmuckform, sogenannter Feuerbock mit Ziernägeln

7.5.3. Fachwerk-Imitationen

Die Welle der Nostalgie, der Heimatverbundenheit und die Freude an alter Baukunst treiben leider auch falsche und kitschige Blüten. Fachwerk-Imitationen haben keine Ursprünglichkeit und keine konstruktive Notwendigkeit.

Diese Art Fassaden-Kosmetik fällt meist schon optisch negativ auf:

– genau Symmetrie
– Uniformität
– falsch „dimensionierte" Hölzer
– keine handwerkliche Holzbearbeitung.

Am häufigsten sind Dekorationen aus aufgesetzten Brettern. Die Bretter verwerfen sich im Laufe der Zeit, und Wasser dringt hinter ihnen ein.

Ein Beispiel, bei dem nur wenige alte Hölzer im Giebel verwendet wurden, das meiste an „Fachwerk" aber aus aufgeschraubten Brettern besteht, zeigt Bild 7.17.

Noch schlimmere Auswüchse stellen die reinen Fachwerk-Aufmalungen an allen möglichen und auch unmöglichen Stellen und Arten von Bauteilen dar.

Bild 7.17. Giebel mit „Verkleidungs-Fachwerk".
a) Gesamtansicht: Im Giebeldreieck wurden noch die alten Formen übernommen, im unteren Teil sind auch diese neu gestaltet; b) Der Blick in eine Fensterleibung während der Bauphase zeigt die vor das Mauerwerk gesetzten Bretter

Bild 7.18. Aufgemaltes und dann „abblätterndes Fachwerk".

Bild 7.19. Fachwerk-Dekoration in einem vielgeschossigen Beton-Plattenbau. Gebiet: überall!

Es bieten sich als „schnelles" Fachwerk an:

- aufgemalte Holzstäbe
- erhöhte Putzstreifen
- Holzfolien.

Ein „abblätterndes" Fachwerk zeigt Bild 7.18. Bei dieser Fassade wurden nicht mehr vorhandene Hölzer mit dem Pinsel weitergeführt. Der Zahn der Zeit ließ dieses „Fachwerk" schnell wegfließen.

Auch wenn der Wunsch nach Schönheit im tristen Plattenbau verständlich ist, eine Fachwerk-Dekoration in einem vielgeschossigen Betonbau ist zumindest deplaziert (Bild 7.19)!

Bei mehr Interesse an Hinweisen und eindrucksvollen Fotos zum Fachwerk-Kitsch wird auf [7.3.] verwiesen.

8. Holzschutz in alten Bauwerken

8.1. Ziel und Umsetzung

Dem organischen Baustoff Holz setzen in der über Jahrzehnte oder gar Jahrhunderte reichenden Baugeschichte Schadorganismen je nach örtlichen Bedingungen mehr oder weniger zu.
Dazu wurden im Abschnitt 4 Ausführungen gemacht.

Bei der Instandsetzung und Neu-Nutzung alter Bauwerke mit Holzkonstruktionen ist es deshalb eine der wichtigsten Aufgaben, die Schadensart und -intensität festzustellen sowie die Bekämpfung des Befalls sachkundig zu planen und durchzuführen. Hinzu kommt immer die Forderung, einen Neubefall zu verhindern.

Erforderlich ist die Kenntnis der Schadorganismen sowie ihrer spezifischen Lebensbedingungen und Schädigungsarten. Außerdem sind Vorschriften und gesetzliche Regelungen auf diesem Gebiet zu beachten.
Für die Beurteilung derartiger Sachverhalte und die Festlegung effektiver Instandsetzungs- und Schutzmaßnahmen ist ein Holzschutz-Fachmann zwingend heranzuziehen.

Die **sorfältige Voruntersuchung** ist entscheidend für die Planung der Baumaßnahmen und letztlich für den Gesamtaufwand der Sanierung. Denn mangelhafte Erkenntnisse in dieser Phase bedeuten später häufig aufwendige Nach-Sanierungen.
Die Praxis bietet dafür genügend Lehrmaterial.
Zur Verdeutlichung ein relativ kleiner Fall:
Der mehrgeschossige Erker aus Eichenholz eines denkmalgeschützten, ca. 200 Jahre alten Hauses zeigte Befall durch Moderfäule und Fraßgänge durch den Gescheckten Nagekäfer. Einen lebenden Befall durch Nagekäfer konnte auch der Holzschutzfachmann zunächst nicht feststellen. Im weiteren Verlauf der Bauarbeiten mußten Eichenholz-Teile entfernt werden – und es wurden lebende Larven des obigen Käfers gefunden. Es wurde noch eine Heißluft-Behandlung erwogen, dann aber eine örtliche Schutzimpfung vorgenommen, bzw. abnehmbare Holzteile wurden getränkt.

Nach den Feststellungen am jeweiligen Objekt sind die **Maßnahmen** des Holzschutzes festzulegen. Auf diesem Gebiet hat sich in den letzten Jahren ein Wandel vollzogen. Der chemische Holzschutz ist nur dort, wo unbedingt notwendig, durchzuführen. Bei den Giften wurden gegenüber Menschen und Umwelt weniger gefährdende Stoffe entwickelt.

Es geht bei alten Bauwerken vorrangig um den sogenannten bekämpfenden Holzschutz. Dazu liegt die Neufassung des Teiles 4 der DIN 68800 „Bekämpfungsmaßnahmen gegen holzzerstörende Pilze und Insekten" vom November 1992 vor. Diese muß im Zusammenhang mit Teil 3 „Vorbeugender chemischer Holzschutz" der DIN 68800 gesehen werden. In Teil 3 sind die Gefährdungsklassen für Holzbauteile gegenüber Schadorganismenbefall und die zugeordneten Schutzmaßnahmen aufgeführt.
Der chemische Schutz oder die chemische Bekämpfung sind oft nicht zu umgehen, doch primär geht es um die **Verringerung der Holzfeuchte,** welche durch baukonstruktive und bauphysikalische Maßnahmen an der Altbausubstanz erreicht werden kann.

Dazu bietet der Teil 2 der DIN 68800 Hinweise, die sich vorrangig auf den Neueinbau beziehen.

Die Vorschrift stellt eine gute Grundlage dar, doch für jedes Objekt hat der Fachmann aufgrund seiner Ausbildung und seiner Erfahrung verantwortlich zu entscheiden.

8.2. Baukonstruktive Maßnahmen

Bautechnischer oder baukonstruktiver Holzschutz ist die dauerhafte Bewahrung des eingebauten Holzes durch

- konstruktive Maßnahmen
- bauphysikalisch richtige Konstruktionen.

Das Hauptziel ist das **Fernhalten oder schnelle Ableiten von Feuchtigkeit!**

Die Lebensbedingungen für Schadorganismen sollen so ungünstig wie möglich sein. Dazu gehören:

- geringe Holzfeuchte
- Be- oder Durchlüftung
- keine unkontrollierbaren dunklen Hohlräume.

Bauliche Fehler und Mängel sind schwerwiegender als ein ungenügender chemischer Holzschutz. Sie können durch den chemischen Schutz nicht rückgängig gemacht und nicht gebessert werden. Die Einhaltung der bewährten Regeln der Bautechnik sind also Voraussetzung für das Wirksamwerden des chemischen Schutzes.

Bild 8.1. Norwegische Holzkirche Wang, die 1842 nach Karpacz, in das Riesengebirge, umgesetzt wurde.

Wenn bautechnische Maßnahmen heute oft als „flankierend" bezeichnet werden, so ist dies eine Umkehrung der Wertigkeit!

Ein einprägsames Beispiel für die Bedeutung und damit die großen Möglichkeiten einer holzschutzgerechten Konstruktion sind die Holzkirchen aus Skandinavien. Alle Außenbauteile, auch die Dächer, bestehen hier aus Holz und sie widerstehen Jahrhunderte der direkten Bewitterung (Bild 8.1.).

Welche Maßnahmen dienen dazu, die genannten Ziele zu erreichen?

1. Geeignete und resistente Holzarten

Bei vorhandenen Holzkonstruktionen, die zu erhalten sind, ist die Auswahl einer resistenten Holzart natürlich nicht gegeben. Doch bei Instandsetzungen, Ergänzungen, bei dem Einbau ganzer Bauteile (Gesimsbalken, Fenster) stellt die Holzartenwahl eine wesentliche Möglichkeit der Erhöhung der Dauerhaftigkeit dieser Bauteile dar.

Gut resistente Holzarten gegenüber Schadorganismenbefall sind bei Nadelhölzern Douglasie und Lärche, etwas geringer Kiefer. Bei Laubhölzern sind es: Stiel- oder Traubeneiche, Robinie, für hochbeanspruchte Teile z. B. Bongossi.

Die Resistenz bezieht sich nur auf das Kernholz! Die klassifizierte Einordnung auch ausländischer Holzarten ist in DIN 68364 – Kennwerte von Holzarten – enthalten.

Besonders umweltfreundlich ist der **Verzicht auf einen chemischen Holzschutz** bis zur Gefährdungsklasse 4 (!), wenn hochresistente Holzarten verwendet werden, den die DIN 68 800 Teil 3 zuläßt!

2. Schutz von Außenbauteilen

Hier gilt es, das Niederschlagswasser fernzuhalten oder schnell abzuleiten.

Bei Holzbauwerken in dieser Kategorie werden schon geringste Baufehler oder Unzulänglichkeiten in kurzer Zeit durch die Zerstörung des Holzes bestraft.

Bild 8.2. Baukonstruktiver Holzschutz an einer überdachten Holzbrücke: Seitenverkleidung aus Lärche in senkrechter Deckel-Schalung. Blechabdeckung der auskragenden Quer-Traghölzer der Fahrbahn. Brücke in Schwarzenberg, Erzgebirge; Sanierung 1992.

Bild 8.3. Abgeschrägte Ziegel-Rollschicht unter der Schwelle einer Fachwerkhauswand.

Einige Grundregeln:

- **Abdeckungen** von waagerechten oder schrägen Holzflächen.
  Dies erfolgt im einfachsten Fall durch leicht zu erneuernde Schutz- oder Opferbretter. Wesentlich dauerhafter und wirksamer sind Blechabdeckungen, insbesondere aus Kupfer (siehe Bild 8.2.).
- Bei Außenwänden ist eine vertikale **Bretter-Verkleidung** haltbarer als eine horizontal verlegte. Die Fugen sollten Luftspalten aufweisen, gefalzt sein oder als „Deckel"-Schalung ausgeführt werden (Bild 8.2.). Wenn machbar, sollte hier Lärchenholz verwendet werden.
- Alle Vorsprünge, Gesimse sind dauerhaft abzudecken; wirksame Wassernasen oder Abschrägungen sind an der Unterkante der Außenbauteile auszubilden.
- Vermeiden des „Steckenbleibens" von Wasser in Fugen und an Verbindungsstellen, z. B. Abflußlöcher bei Einzapfungen.
- Stützenfüße aufständern, d. h. mindestens 30 cm über Gelände enden lassen oder auf Sockel aufstellen.
- Bei Schwellenhölzern: Auflager abschrägen oder Abflußrinnen vorsehen (Bild 8.3.).

3. Verhinderung von Kondenswasser

Warme Luft gibt an kalten Bauteilen unter bestimmten Bedingungen Kondensat ab. Ausreichende Wärmedämmung und Belüftung sind zur Vermeidung dieser Wasseransammlung notwendig.

Bei älteren Bauwerken gibt es typische kritische Stellen, von denen einige genannt werden:

- Balkenköpfe bei zu dünner Vormauerung und ohne Belüftung.
  Maßnahmen: Luftschlitze und, wo möglich, Dämmschicht vor Balkenkopf.
- Gebäudeecken weisen niedrigere Temperaturen auf als der übrige Raum. Hier ist ebenfalls für eine Luftzirkulation und Erhöhung der Wärmedämmung zu sorgen.
- Bei Verbindungen von Holz mit Stahlbauteilen (Profil-Laschen) oder Stahl-Verbindungsmitteln in Außenwandbereichen Wärmedämmung vorsehen!

4. Belüftung von Räumen bzw. Holzbauteilen

„Stehende" Luft mit einer relativ hohen Luftfeuchte bedeutet ideales Pilz- und Insektenklima!

Bei Dachgeschossen, die kaum gelüftet werden und in die feuchte Warmluft eindringen kann, muß eine Feuchtluft-Abführung gesichert werden.
Dies ist am effektivsten im Firstbereich, der besonders gefährdet ist. Die leider häufige Unsitte, dampfdichte Folien als Unterspannbahn einzubauen und im Firstbereich zu überlappen, verhindert eine Feuchtluftabführung!

Bei Holzbalkendecken sind zwei bautechnische Hauptschadensursachen zu vermeiden:

- das dichte Einmörteln oder Einmauern von Balkenköpfen und Sparrenfüßen (vgl. Bild 6.9.)
- das Abdecken durch dampfdichte Beläge, wenn Feuchte z. B. von unten in die Decken eindringen kann.
  Ein besonderes Kapitel ist der Einbau von Bädern auf Holzbalkendecken. Die Fußbodendichtungen oder dichten Beläge sind an den Wänden und an der Türschwelle einige Zentimeter hochzuziehen.

8.3. Bekämpfung mit und ohne Gift

Grundsätzlich ist festzuhalten, daß der chemische Holzschutz nur einen guten baukonstruktiven Schutz ergänzen soll oder nur für bestimmte Bauteile notwendig ist.

Bei der Sanierung alter Holzbauwerke haben wir es vorrangig mit dem sogenannten **bekämpfenden Holzschutz** zu tun.

Die dafür geschaffene Vorschrift DIN 68800 Teil 4 mit dem Titel *„Bekämpfungsmaßnahmen gegen holzzerstörende Pilze und Insekten"* enthät dazu eingehende Aussagen.

Die Einführungssätze lauten dort:

„Wenn verbautes Holz oder Holzwerkstoffe von Pilzen befallen sind oder Lebendbefall durch holzzerstörende Insekten aufweisen und der Befall tragende und/ oder aussteifende Bauteile gefährdet, müssen geeignete Maßnahmen zu deren Bekämpfung ergriffen werden.
Die Bekämpfung kann durch Behandlung mit einem chemisch bekämpfend wirkenden Schutzmittel oder bei Insektenbefall auch durch das Heißluftverfahren oder ein chemisches Begasungsverfahren vorgenommen werden."

Nicht nur der Fachmann, auch der Bauherr, muß sich darüber klar sein, daß lebende Organismen (Pilze, Larven, Käfer) abgetötet werden sollen, das heißt ohne hohe Temperaturen bzw. ohne ein Gift geht dies nicht! Doch schon *Paracelsus* erkannte Anfang des 16. Jahrhunderts: *„Alles ist Gift, nichts ist ohne Gift. Allein die Dosis macht, ob ein Stoff Gift ist!"*

Die Notwendigkeit einer chemischen Schutzbehandlung sollte in jedem Fall sorgfältig geprüft werden. Speziell dafür ausgebildete Fachleute oder Sachverständige für Holzschutz sind dazu heranzuziehen, die dies anhand eines Holzschutz-Gutachtens belegen müssen.

Im Rahmen dieses Kapitels werden **Grundregeln** und Hinweise gegeben.

Reduzierung des chemischen Schutzes bei Altbauten
In der zitierten DIN-Vorschrift wird allgemein formuliert, daß der Einsatz von Bekämpfungsmitteln so weit wie möglich beschränkt werden soll.
Das geschieht zum einen dadurch, daß die Bekämpfung eines Pilzbefalls im verbauten Holz, also vor allem braunfäulegeschädigtes oder mit Myzel behaftetes Holz, in der Regel nur durch das Entfernen der betreffenden Holzteile möglich ist. Bei Denkmalschutz-Objekten ist hier differenzierter vorzugehen. Die verbleibenden und neu einzubauenden Hölzer sind mit einem chemischen Schutzmittel vorbeugend zu schützen, wenn die Notwendigkeit nach DIN 68800 Teil 3 besteht. Und dazu zählt z. B., daß Holz der Gefährdungsklasse 0 nicht und der Gefährdungsklasse 1 nur gegen Insekten zu schützen ist. Letzteres kann auch entfallen, wenn das Holz allseitig abgedeckt ist oder wenn das Holz offen kontrollierbar bleibt.

Die Grenze für eine Gefährdung durch Schadpilzbefall wird bei einer langfristigen Holzfeuchte über 20% gesehen. Und da liegen z. B. Holzbalkendecken in zentralbeheizten Räumen mit Sicherheit darunter. Die Gefährdung der Balkenköpfe hängt vom Zustand der Außenwände und der konstruktiven Ausbildung ab.

Welche Verfahren sollen und können für den bekämpfenden Holzschutz in der Altbausubstanz bevorzugt eingesetzt werden? Nachfolgend werden diese kurz charakterisiert.

Schaumverfahren

In [8.2.] wird das Schaum- oder Beschäumverfahren als ökologische Alternative zum Spritzverfahren ausgewiesen. Außer der umweltfreundlichen Einbringung hat dieses Verfahren weitere Vorteile: Der kriechende Schaum kann auch schwer zugängliche Zonen erreichen, und das Schutzmittel dringt bei richtiger Technologie tiefer in das Holz ein als beim Streichen oder Spritzen. Es werden wasserlösliche Holzschutzmittel mit Tensiden versetzt und auf die Holzoberflächen in Schaumform aufgespritzt. Die Anwendung in einem Dachstuhl zeigt Bild 8.5.

Dieses Verfahren sollte in Altbauten mehr eingesetzt werden als bisher!

Bohrlochtränkung

Die Methode besteht darin, bei lokal begrenztem Befall oder auch vorbeugend in besonders gefährdeten Bereichen Holzschutzmittel durch Eingießen in Bohrlöcher intensiv und tief in Holzbauteile einzubringen. Diese Bekämpfungsart ist sehr wirksam, besonders bei dünnflüssigen öligen Schutzmitteln. Der Abstand der Bohrlöcher richtet sich nach Holzart und Lage des Bauteiles, er liegt im Mittel bei 20 cm. Bild 8.6. zeigt die Möglichkeit, über Trichter das Schutzmittel mehrmals einzubringen.

Druckinjektion

Das Einpressen von flüssigen Schutzmitteln wird bei Holz und auch bei pilzinfiziertem Mauerwerk erfolgreich angewendet.

In Bohrlöcher werden sogenannte Packer oder Injektoren eingeschlagen, in die die Spitzdüse des Verpreßgerätes eingeführt wird und sich das Mittel durch den hohen Druck im zu tränkenden Bauteil ausbreitet (Bild 8.7.). Durch eine Rückschlagsicherung wird das Zurückfließen aus dem Packer verhindert.

Diese Methode ist zerstörungsarm und trotzdem in der Tiefe wirksam.

Die Bohrlöcher können abschließend mit getränkten Holzdübeln verschlossen werden (Bild 8.8.).

Hinweise:

- Altes trockenes Holz ist im allgemeinen gut tränkbar, unter anderem bedingt durch feine Risse und Nagegänge.
- Es sind nur zugelassene Holzschutzmittel anzuwenden. Für die Bekämpfung eines Schädlingsbefalls müssen diese Mittel das Gütezeichen der Gütegemeinschaft Holzschutzmittel tragen (Gütezeichen RAL).
  Diese Mittel sind in dem jedes Jahr in aktualisierter Form herausgegebenen Holzschutzmittelverzeichnis enthalten [8.3.].
- Zum Oberflächenschutz von Holz mit einem Überblick über giftige und abdeckende Schutzmittel wird auf [8.4.] verwiesen.

8.4. Ernstfall Nummer 1: Bekämpfung des Echten Hausschwammes

Im Kapitel 3 wurden die Erscheinungsbilder und die Gefährlichkeit des Echten Hausschwammes *(Serpula lacrimans)* behandelt.

Die herausragende Stellung dieses Schadpilzes wird durch seine Häufigkeit, seine Zerstörungsintensität und seine Vitalität bestimmt. Er benötigt gegenüber den anderen Hausschadpilzen relativ niedrige Temperaturen. Das Myzel wächst zwar bei +20 °C am schnellsten mit etwa 6 mm/Tag. Doch bei +10 °C wächst es immerhin noch ca. 2,5 mm/Tag. Und er überwindet große Strecken über anorganischem Material, indem er Wasser durch sein Myzel nachzieht. Oft taucht er an entfernten Stellen, z. B. nach Durchwachsen von Mauerwerk, wieder auf und setzt dann sein Schädigungswerk fort. Diesem Faktor trägt auch die DIN 68800 Teil 4 Rechnung, indem sie die Bekämpfung des Echten Hausschwammes gesondert behandelt und aufwendige Maßnahmen zur sicheren Abtötung fordert. Wichtige Sätze daraus werden zitiert:

„Alle befallenen Holzteile sind ein ausreichendes Stück über den sichtbaren Befall hinaus zu entfernen und zwar mindesten um 0,3 m, bei Echtem Hausschwamm und verwandten Hausschwammarten um mindestens 1 m in Längsrichtung der Hölzer.
Die Anforderung eines Sicherheitsabstandes von 1 m in Längsrichtung der Hölzer kann bei Balkenkonstruktionen zu statischen Problemen bei Anlaschungen führen. In diesen Fällen ist ein Sicherheitsabstand von 0,5 m zulässig, sofern im Abstand von 0,5 m des sichtbaren Befalls das Holz frei von Substratmyzel ist.
Durchwachsene Schüttungen sind einschließlich eines ausreichenden Sicherheitsabstandes über den erkennbar durchwachsenen Bereich hinaus zu entfernen, beim Hausschwamm um mindestens 1,5 m in alle Richtungen.
Im Zweifelsfall ist so zu verfahren, als ob ein Befall durch den Echten Hausschwamm vorliegt."

Das Vermögen des Hausschwammes, Mauerwerk zu durchwachsen und an entfernten Stellen auf anorganischem Material oft besonders große Fruchtkörper zu bilden, zeigen die Bilder 8.9. und 8.10.

Zur Bekämpfung **im Mauerwerk** wird bei Echtem Hausschwamm vorgeschrieben:
„Das Mauerwerk ist im Bereich der Schadstellen mit einem geeigneten chemischen Schutzmittel zur Bekämpfung von Schwamm im Mauerwerk zu behandeln.
Ist das Mauerwerk von Myzel durchwachsen, ist grundsätzlich eine Bohrlochtränkung oder durch Druckinjektion ein Verpressen mit einem chemischen Schutzmittel zur Bekämpfung von Schwamm im Mauerwerk vorzunehmen. Bei Mauer-

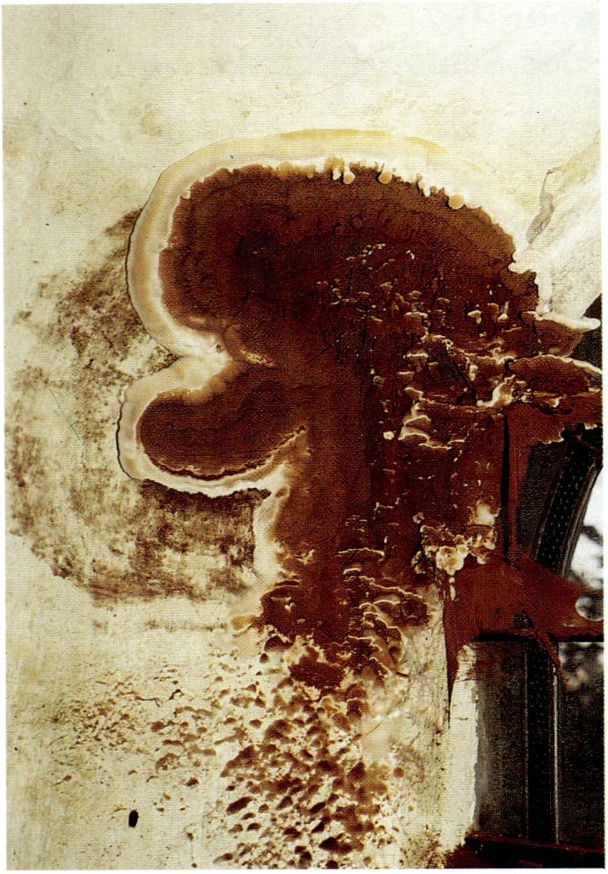

Bild 8.9. Echter Hausschwamm: Großer brauner Fruchtkörper mit weißem Zuwachsrand an einer Ziegelwand.

werk aus Hohlkammersteinen und bei zweischaligem Mauerwerk sind die Hohlräume ausreichend auszuspritzen.
Der Sanierungsbereich – einschließlich eventueller Putzentfernung – soll sich auf 1,5 m in alle Richtungen vom letzten erkennbaren Pilzmyzel erstrecken."

Es ist offensichtlich, wie hoch der **Aufwand für eine Sanierung** wird, wenn Echter Hausschwamm der Schadpilz ist! Sind Fruchtkörper vorhanden, ist seine Identifizierung relativ einfach, doch bei nur geringen Myzel-Funden wird es schwierig.
Die Untersuchung und Bestimmung, auch die Feststellung des genauen Ausbreitungsmaßes, sollten deshalb von einem Fachmann für Holzschutz übernommen werden. Er trägt dann auch die Verantwortung.

Es wird hier noch einmal auf das ausgezeichnete WTA-Merkblatt 1-2-91 hingewiesen [3.1.].

Bild 8.10. Echter Hausschwamm: Fruchtkörper auf der Außenwand einer Kirche auf Natursteinmauerwerk (!); Bildung innerhalb von 3 Wochen.

Als erstaunlich kann die Schilderung über das Vorkommen und die Sanierung des Echten Hausschwammes bereits in der Bibel vermerkt werden.

Im alten Testament im 3. Buch Moses Kapitel 14, immerhin um 2000 v. Chr., werden *„grünliche und rötliche Grüblein an der Wand des Hauses"* beschrieben. Und weiter:
„. . . und wenn er sieht, daß das Mal weitergefressen hat an des Hauses Wand, soll er die Steine heißen ausbrechen, darin das Mal ist, und hinaus vor die Stadt an einen unreinen Ort werfen. Und ebenso auskratzen die Wand und die Tünche abschaben und an einen unreinen Ort schütten. Und andere Steine und anderen Lehm nehmen und die herausgebrochenen Steine ersetzen. Wenn dann das Mal wiederkommt und ausbricht am Haus, so ist es gewiß ein fressender Aussatz am Haus und es ist unrein. Darum soll man das Haus abbrechen."
Die Gefährlichkeit war damals schon erkannt – und bei Hartnäckigkeit war der Abbruch die Lösung. Wie sparsam, daß wir heute chemische Verpressungen nutzen können!

9. Brandverhalten und Brandschutz

9.1. Thermische Eigenschaften von Holz

Hohe Temperaturen unterhalb der Entzündungstemperatur haben auf die Eigenschaften und das Tragverhalten von Holztragwerken bereits großen Einfluß.

Diese Veränderungen werden im folgenden dargestellt:

Formänderungen
Die Formänderungen von Holz bei Temperaturänderungen sind gering. Bei Temperaturerhöhung werden die Dehnungen vom gleichzeitig stattfindenden Schwinden des Holzes übertroffen.
In DIN 1052 Teil 1 heißt es dazu: *„Der Einfluß der Temperaturänderungen darf bei Holz in Holzkonstruktionen vernachlässigt werden."*
Durch langzeitige hohe Temperaturen können allerdings Folgeerscheinungen wie tiefe Schwindrisse und größere Tragwerks-Durchbiegungen eintreten.

Physikalisch-chemische Veränderungen
Bei ständigen Temperaturen über +60 °C verdampft das freie Wasser vollständig, das Holz verfärbt sich braun.
Die Festigkeiten werden geringer, und die Elastizität verändert sich. Der E-Modul sinkt, und das Holz „arbeitet" kaum noch.
Ab etwa +100 °C beginnt die Pyrolyse, das heißt die Spaltung chemischer Bindungen. Zunächst wird Zellulose abgebaut, und es erfolgt eine Dehydratation, also auch molekular gebundenes Wasser wird frei.
Wirken bei hohen Temperaturen außerdem chemisch aggressive Stoffe ein, besonders Säuredämpfe, erfolgt durch Oxydation eine schnellere „Verkohlung" und Festigkeitsabnahme.

Festigkeits-Veränderungen
Bereits bei einer Dauer-Temperatur von +60 °C sinken die Holzfestigkeiten. So verringert sich die Biegezugfestigkeit auf 60 ... 65% gegenüber der Festigkeit bei +15 °C [9.1.].
An diese Tatsache sollte man auch bei alten Balken an Schornsteinen oder Kaminen denken.

9.2. Verhalten im Brandfall

„Das Verhalten von Holzbauteilen im Brandfall ist gut."
Diese Behauptung wurde durch viele Brandfälle bewiesen. Holzquerschnitte brennen allmählich nach innen. Die innere Struktur und Festigkeit bleiben lange erhalten. Die Dehnungen sind gering.
Anders als beim Stahl ist kein Verschiebungsdruck auf andere Bauteile vorhanden – und die Gesamt-Konstruktion hält lange stand.

Holz ist brennbar und bleibt es auch bei wirtschaftlich vertretbaren Schutzanstrichen. Letzere haben eine feuerhemmende Wirkung, die Entflammbarkeit wird verzögert.
Bei welchen Temperaturen das Holz zu brennen beginnt, ist abhängig von der Holzart, von der Holzfeuchte und wie lange das Holz vorher höheren Temperaturen über 60 °C ausgesetzt war. Bei einer Fremdflamme entflammen die Holzgase ab etwa 230 °C. Eine Selbstentzündung setzt bei Temperaturen von 350 °C bis 400 °C ein.
Die Verzögerung der Entflammung steigt mit zunehmender Rohdichte des Holzes. So weisen die Holzarten Eiche und Robinie eine späte Entflammung und eine relativ langsame Abbrandgeschwindigkeit auf. Leider bestehen alte Holzkonstruktionen vorrangig aus Nadelholz!
Ungünstig wirkt sich auch aus, daß auf Grund des höheren Lignin-Anteils Nadelhölzer einen höheren Heizwert haben als Laubhölzer.

Entscheidend für den **Feuerwiderstand** von Holzbauteilen ist die Größe der Querschnittsabmessungen. Und ein weiteres wichtiges Kriterium:
Je kompakter die Querschnittsform, um so größer ist der Widerstand. Das heißt, daß das Verhältnis Oberfläche zu Querschnittsfläche möglichst klein sein soll!
Beim Abbrennen wirkt die verkohlte Außenzone als wärmedämmende Schutzschicht, und die Abbrandgeschwindigkeit verringert sich dadurch.
Als Grobwert bei Nadelholz kann angesetzt werden: 0,7 mm Abbrand pro Minute.
Das bedeutet etwa 20 mm Dickenverlust an den den Flammen ausgesetzten Oberflächen in 30 Minuten!
Auf den Feuerwiderstand wird im folgenden Abschnitt näher eingegangen.
Bild 9.1. zeigt einen von drei Seiten beflammten Deckenbalken nach 40 Minuten direkter Beflammung.
Ein ganz wesentlicher Faktor des Verhaltens von Holzbauteilen im Brandfall ist die **Einbausituation.** Dazu zählen zum Beispiel die Auflagerung oder der Einspanngrad des Bauteiles. So kann der Feuerwiderstand einer elastisch eingespannten Holzstütze gegenüber einer gelenkig gelagerten Stütze bis zu 50% höher liegen [9.1.]!

Bild 9.1. Balkenquerschnitt 14/20 cm nach dreiseitiger Direkt-Beflammung über 40 Minuten.

Oder: Eine vollflächige, gespundete Brettschalung setzt dem Feuer bis zum Druchbrennen lange Widerstand entgegen, obwohl die Bretter nur 24 mm dick sind (siehe dazu Bild 9.2.).
Zum tiefergehenden Studium, besonders zur Frage des Feuerwiderstandes von Bauwerksteilen aus Holz und von Verbindungen sowie deren Verkleidung wird auf [9.2.] verwiesen. Maßgebend ist für Neukonstruktionen die Vorschrift DIN 4102, vorrangig Teil 4.
Bei alten Baukonstruktionen und deren Neunutzung ist ein Konsens mit der Bauaufsichtsbehörde zu finden. Jeder Altbau ist ein Einzelfall, und es gilt, in vertretbarem Maße den Bestandsschutz zu wahren.
Ist der Feuerwiderstand von Einzelbauteilen nicht ausreichend, sind durch alternative Lösungen die Schutzziele oft dennoch erreichbar.

Bild 9.2. Aufnahme nach dem Brand eines Gebäudes in Holztafelbauweise.
Das Dach mit Nagel-Brett-Bindern ist eingestürzt, doch die Wände stehen: Vollflächige gespundete Brett-Verschalung verhinderte selbst in Nähe des Brandherdes ein Durchbrennen der Wand!

9.3. Feuerwiderstand von Holzbauteilen

Der Feuerwiderstand ist neben der Brennbarkeit das wichtigste Kriterium von Bauteilen im Brandfall. Besonders bei Altbauten sollte er aber nicht isoliert und als alleinbestimmend betrachtet werden. Hier sind bauwerksorientierte Brandschutznachweise zu führen, unter Beachtung von

- der real vorhandenen Brandlast
- vorhandenen oder realisierbaren Einspannungen von Wänden, Balken oder Stützen
- Teil-Verkleidungen
- reale, bei ein- und zweigeschossigen Gebäuden oft niedrige Spannungs- bzw. Tragfähigkeitsausnutzung von Querschnitten.

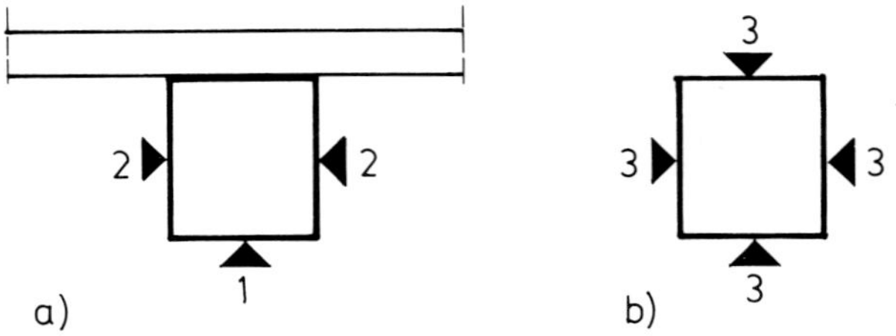

Bild 9.3. Rechenwerte für Abbrandgeschwindigkeiten für Nadelholz.
a) Balken, 3seitige Brandbelastung; b) Stütze, allseitige Brandbelastung
1 V_u = 1,1 mm/min;
2 V_s = 0,8 mm/min;
3 V_{St} = 0,7 mm/min

So ist häufig eine längere Feuerwiderstandszeit erreichbar, als im konventionellen Nachweis ausgewiesen wird.

Als **Feuerwiderstandsdauer** wird die Zeit bezeichnet, während der das Bauteil bestimmte Anforderungen im Brandfall erfüllen muß. Diese sind

- Beibehaltung der Tragfähigkeit
- Wahrung des Raumabschlusses
- Einhaltung einer vorgeschriebenen Durchbiegungsgeschwindigkeit.

Die Bauteile werden in **Feuerwiderstandsklassen** eingestuft, die die Mindestdauer des Widerstandes in Minuten ausdrückt. Für Bauteile aus Holz ohne Verkleidung kommen vorrangig die Feuerwiderstandsklassen F 30 und F 60 in Frage. Eine Zusammenstellung von Holzbauteilen und Verbindungen der Feuerwiderstandsklasse F 30 wurde in [9.3.] vorgenommen.
Bei Holzbauteilen erfolgt das Abbrennen von der Oberfläche aus relativ gleichmäßig. Die Abbrand- oder Verkohlungstiefen werden auf Grund von Brandversuchen genügend genau mit mittleren Abbrandgeschwindigkeiten gekennzeichnet. Die Rechenwerte für die Abbrandgeschwindigkeiten von Nadelholz sind in DIN 4102 Teil 4 bzw. in [9.2.] angegeben (Bild 9.3.):

Für Laubhölzer können diese Werte ebenfalls verwendet werden, die dann allerdings große Sicherheiten enthalten. Bei Laubhölzern mit einer Rohdichte ≥ 600 kg/m^3 dürfen 60% der angegebenen Rechenwerte angesetzt werden.
Bei Eichenholz mit großem Kernanteil kann mit $v = 0{,}56$ mm/min gerechnet werden.
Die genannnten Werte beinhalten bereits die Einflüsse für einen schnelleren Abbrand bei Altholz wie Risse und Äste.

9.3.1. Vollholzquerschnitte im Brandfall

Im folgenden werden die Feuerwiderstände von Vollholzquerschnitten (Altholz) durch Näherungsformeln ermittelt. Sie bilden die Grundlage für die Diagramme in Anhang 1 und 2.

Die gerade noch zulässigen, durch den Abbrand verringerten Querschnitte, werden durch folgende Ansätze ermittelt:

1. Biegestäbe

$\sigma_{Br} \leq 2 \cdot \sigma_{zul}$
σ_{Br} = nach Brandeinwirkung

Das bedeutet, wenn $W_{vorh} = W_{erf}$, ist

$W_{Br} \geq 0{,}5 \cdot W_{vorh}$

Der Auslastungsgrad der Spannung wird mit η bezeichnet, d. h.

η = vorhandene Spannung : zulässige Spannung
$W_{Br} \geq \eta \cdot 0{,}5 \cdot W_{vorh}$

So ist bei einem dreiseitigen Abbrand eines Biegebalkens mit den oben genannten Abbrandgeschwindigkeiten

$(b - 1{,}6 \cdot t) \cdot (h - 1{,}1 \cdot t)^2 = 0{,}5 \cdot \eta \cdot b \cdot h^2$
t = Brandzeit in min

2. Druckstäbe

$$P_{Br} = \frac{\pi^2 \cdot E \cdot J_{Br}}{s_k^2} = \eta \cdot P_{zul}$$

P_{Br} = Noch zulässige Knicklast P_k nach Brand
J_{Br} = J des durch Brand geschwächten Querschnittes

$$J_{Br} = \frac{\eta \cdot P_{zul} \cdot s_k^2}{\pi^2 \cdot E}$$

bzw.

$$J_{Br} = \frac{1}{12} \cdot (b_{Br}^3 \cdot h_{Br}), \quad \text{wobei} \quad b \leq h$$

Bei vierseitiger Brandbelastung des Druckstabes ist dann mit dem durch Abbrand in der Zeit t verringerten Querschnitt

$(b - 1{,}4 \cdot t)^3 \cdot (h - 1{,}4 \cdot t) = 12 \cdot J_{Br}$

Um für vorhandene Holzquerschnitte in Altbauten schnell den Feuerwiderstand für verschiedene Auslastungsgrade η bei Biege- oder Druckbeanspruchung ermitteln zu können, wurden mit Hilfe von Computer-Programmen Berechnungen durchgeführt und daraus **Diagramme** abgeleitet (siehe Anhang 1 und 2). Die Diagramme basieren auf [9.4.].

Im folgenden wird eine Anleitung zum Gebrauch der Tafeln gegeben:

9.3.2. Feuerwiderstand für Biegestäbe (Anhang 1)

In dem Diagramm wird die Feuerwiderstandsdauer t für biegebeanspruche Holzstäbe in Abhängigkeit von der Querschnittsbreite b und der Höhe h, dem Seitenverhältnis h/b und dem Auslastungsgrad η (vorhandene Spannung/zulässige Spannung) dargestellt.

Vorgehensweise:
Im Teil 1 des Diagrammes sind die Querschnittsabmessungen (Höhe h und Breite b) angegeben. Die dargestellten Linien kennzeichnen verschiedene Seitenverhältnisse h/b. Im Teil 2 des Diagrammes ist die Feuerwiderstandsdauer t in Abhängigkeit vom Auslastungsgrad ablesbar. Der Auslastungsgrad wird durch Linien im Teil 2 erfaßt. Eine jeweilige Linienschar mit verschiedenen Auslastungsgraden im Teil 2 ist einer Linie mit entsprechendem Seitenverhältnis im Teil 1 zugehörig.
Für vorgegebene Holzquerschnitte wird nach Berechnung der größten Biegespannung im Bauteil der Auslastungsgrad η ermittelt.
Mit dem Querschnitt b/h in Teil 1 findet man dann in Teil 2 mit dem zugehörigen Auslastungsgrad auf der Abszisse den Feuerwiderstand in Minuten.

In [9.2.] sind Diagramme nur für Brettschichtholz enthalten. Ausgangspunkt der vorliegenden Anlagen waren ebenfalls Berechnungen für Brettschichtholz, wobei eine gute Übereinstimmung mit [9.2.] erreicht wurde. Die erfolgten Abminderungen für Vollholz und die geringeren zulässsigen Spannungen (NH Gkl. II) ergaben die F-Werte des Diagramms in Anhang 1. Diese Werte gelten für Altholz mit größeren Schwindrissen. Ist das Altholz von guter Qualität, hat es wenige und nur schmale Schwindrisse, können die Feuerwiderstandszeiten des Anhangs 1 um 15% erhöht werden!

Beispiel Biegestab, 3seitig beflammt, bei η = 0,7:

a.) **Querschnitt: 13/18 cm** (b : h = 1 : 1,4)
Im Anhang 1 von Teil 1 zu Teil 2: **f 30,** d. i. ein Querschnitt **mit großen Schwindrissen**

b.) **Bei normaler Holzoberfläche: fw + 15%**
In Teil 2 bei fw = 26 min nach oben gehen bis zum Schnittpunkt mit Linie 3 η = 0,7 und dann nach links gehen; in Teil 1 im Schnitt mit Linie 3 ablesen:
Querschnitt 11/16 cm

9.3.3. Feuerwiderstand für Druckstäbe (Anhang 2)

Das Problem des Knickens erlaubt die Darstellung des jeweiligen Feuerwiderstandes für verschiedene Querschnitte, Auslastungsgrade und Knicklängen in einem Diagramm nicht. Es wird deshalb ein Diagramm vorgelegt, mit dem vorgegebene Druckstäbe in die relevante Feuerwiderstandsklasse F 30 eingeordnet werden können. Außerdem sind die zulässigen Lasten P ablesbar.

Vorgehensweise (siehe Bild 9.4.):

Fall 1:
Für eine bekannte Knicklänge können für die geforderte FW-Klasse F 30 erforderliche Holzquerschnitte abgelesen werden.

Die Höhe (= Abszisse) ist die größere Seitenabmessung der Stütze.

- Von Knicklänge (linke Ordinate) waagerecht nach rechts bis zur Kurve mit dem Seitenverhältnis der Stütze, dann senkrecht auf Abszisse „Höhe" → Höhe = . . .
- Durch Seitenverhältnis kleinere Seitenabmessung der Stütze ermitteln
- Von Knicklänge (rechte Ordinate) waagerecht nach rechts bis zur Kurve mit dem Seitenverhältnis der Stütze, dann senkrecht auf Abszisse
- zulässige (Rechen-)Last P_{zul} = . . . ablesen.

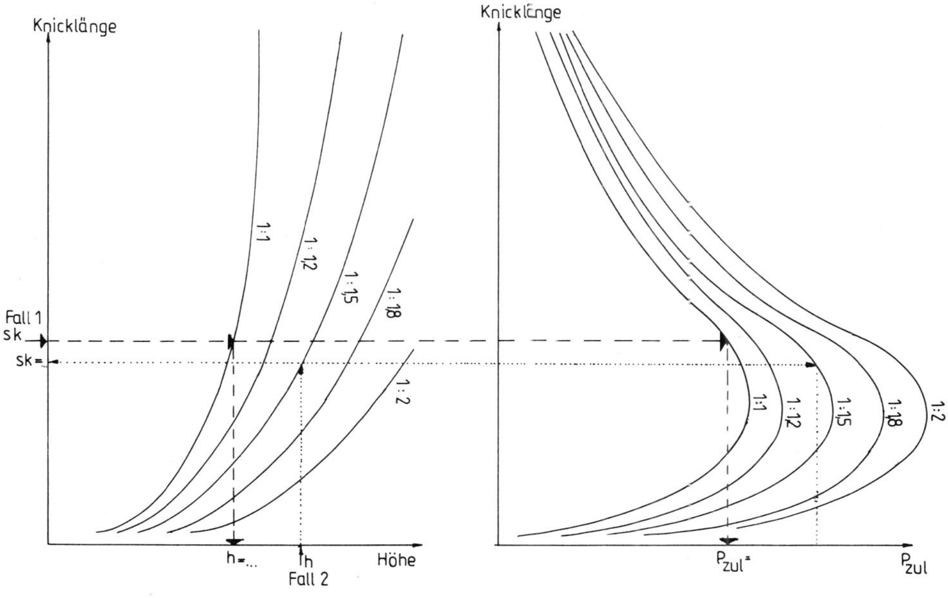

Bild 9.4. Schema zur Anwendung von Anhang 2. Ermittlung des Querschnittes sowie der zulässigen Knicklänge und der zulässigen Drucklast bei Druckstäben für F 30.

Fall 2:
Bei bekannten (oder gewählten) Querschnittsabmessungen ist für die geforderte FW-Klasse F 30 die größtmögliche Knicklänge ablesbar.

- Von Abszisse „Höhe" senkrecht nach oben auf Kurve mit dem Seitenverhältnis der Stütze, dann waagerecht auf Ordinate Knicklänge → Knicklänge = . . . = max. Knicklänge für gegebenen Querschnitt und geforderten Feuerwiderstand
- Von erhaltener Knicklänge bis zu der Kurve mit dem Seitenverhältnis der Stütze, dann senkrecht auf Abszisse
- zulässige (Rechen-)Last P_{zul} = . . . ablesen.

Die ablesbaren Tafelwerte sind Orientierungswerte für die Entwurfsplanung!

Hinweis
Die DIN 4102 Teil 4, Ausgabe 1993, basiert auf genauen Rechenmodellen und letzten Ergebnissen der Brandverhaltensforschung. Damit und mittels der Erläuterungen in [9.2.] oder [9.5.] können für die möglichen Fälle Nachweise geführt werden.

9.3.4. Feuerwiderstand typischer Holzbauteile

Abschließend sollen noch einige typische Holzbauteile mit ihrem Feuerwiderstand genannt werden:

Fachwerkhölzer
mit beidseitigen Gefachen aus Lehm, HWL oder Mauerwerk müssen einen Querschnitt von mindestens 100×100 mm aufweisen für einen Feuerwiderstand F 30. Dabei muß eine Wandseite mit einer geschlossenen Bekleidung, z. B. aus Gipskarton, Putz, HWL oder Holzwerkstoffplatten versehen sein. Bei größeren Querschnitten kann auf die Bekleidung verzichtet werden.

Freiliegende Holzbalken
die als nur dreiseitig beflammbar eingestuft werden sollen, müssen bei einem Fußbodenaufbau ohne Estrich eine Bretterverkleidung von mindestens 40 mm und außerdem eine die Fugen abdeckende Spanplatte erhalten.

Vollflächige gespundete Schalungen
mit einer Dicke d = 30 mm können den Feuerwiderstand erheblich steigern, im Mittel um 30 Minuten.

Verbindungen
Die Einordnung zahlreicher Verbindungen bezüglich ihres Feuerwiderstandes sind in [9.2.] und in DIN 4102 Teil 4 enthalten.

9.4. Konstruktive Schutzmaßnahmen

Im vorangegangenen Abschnitt wurde der Feuerwiderstand unbekleideter Holzbauteile behandelt. Dabei werden auch die Grenzen deutlich, besonders ab einer Feuerwiderstandsklasse F 60. Nur sehr große Querschnitte sowie Hölzer aus Eiche können dann mit entsprechendem Nachweis noch unbekleidet bleiben.

Möglichkeiten, besonders bei denkmalgeschützten Bauwerken, auch unbekleidete Holzbauteile sichtbar zu lassen, wurden aufgezeigt.
Die heute oft schnell gemachte Festlegung vieler Planer: „Alles ist mit Gipskarton zu verkleiden" sollte erst auf ihre Notwendigkeit überprüft werden!

Feuerhemmende konstruktive Schutzmöglichkeiten:

- **Kompakte Holzquerschnitte**

Diese sind bei Altbauten für tragende Teile meist vorhanden.

- **Einspannung**

an den Stabenden oder Ausbildung von Rahmenecken.

- **Verbindungsmittel**

aus Metall sind möglichst lange Zeit vor der Brandtemperatur zu schützen. Dies kann erreicht werden durch Versenken, verdeckten Einbau oder Abdecken mit nichttragenden Decklaschen.

- **Bekleidungen**

Feuerhemmende Bekleidungs-Materialien gibt es heute in großer Vielfalt. Hohen Feuerwiderstand ergeben Gipskartonplatten. Fermacell-Gipsfaserplatten erreichen bereits bei einer Dicke von 10 mm einen Feuerwiderstand F 30. Ähnlich gut verhalten sich Platten aus Zementmörtel, Perlite und Glasfasern.
Eine weitere Gruppe bilden HWL-Platten oder harte Mineralwollplatten mit Putzauftrag.
Weniger bekannt ist, daß auch Holzwerkstoffplatten ab einer Dicke von 16 mm und gespundete Brett-Schalung den Feuerwiderstand erheblich verbessern. Für feuerhemmende Bekleidungen gibt es in DIN 4102 Teil 4 zahlreiche konstruktive Beispiele.

9.5. Chemischer Brandschutz

Von den zwei prinzipiellen Möglichkeiten, den Feuerwiderstand des Holzes von der stofflichen Seite her zu erhöhen, ist wirtschaftlich nur das Aufbringen einer Schutzschicht vertretbar. Die zweite Möglichkeit, im Holz durch Einpressen Stoffe einzulagern, ist zu aufwendig.

Bei den **Anstrichen** sollte man sich klar darüber sein, daß das Holz ja nach wie vor brennbar ist und bei Althölzern infolge Schwindrissen oder Fraßgängen eine schnellere Entflammbarkeit möglich ist.

Die größte Bedeutung als Brandschutzbeschichtung bei Holz haben **Schaumschichtbildner.** Diese dämmschichtbildenden Beschichtungen expandieren bei Temperaturerhöhung um ein Vielfaches und bilden einen rußigen Schaum. Außerdem werden brandhemmende Substanzen abgegeben.

Einige Holzschutzmittel-Hersteller bieten auch derartige feuerhemmende Anstriche für Holz an. Bisher sind diese Schutzmittel auslaugbar, das heißt, sie können nur unter Dach und bei normalen Luftfeuchten langfristig wirksam bleiben. Sie sind für Wohn- und Arbeitsräume zugelassen.

Eine neue Generation von feuerhemmenden Anstrichen hat den Nachteil der Wasserlöslichkeit nicht. Es sind sogenannte **Ablationsbeschichtungen.**

Die in ihnen enthaltenen Substanzen verändern sich chemisch bei erhöhten Temperaturen unter Energieverbrauch. Die Umgebung wird dadurch gekühlt. Außerdem werden auch hier Substanzen mit einer feuerhemmenden Wirkung frei. Nach Ablauf der verschiedenen Reaktionen bleibt eine anorganische nicht brennbare Schicht, die zusätzlich thermisch isolierend wirkt [9.6.]. Ein geprüftes Produkt dieser Art für Holz bei Bewitterung liegt derzeit noch nicht vor.

Weitere feuerhemmende Mittel sind:

- Wasserglas, z. B. Natronwasserglas
- viele Düngesalze, z. B. Ammonsulfat, Ammonphosphat, Kali
- Alkali-Salze, z. B. Borax, Magnesiumchlorid.

Abbrandfördernd sind aber Nitrate, z. B. Kaliumnitrat, Ammoniumnitrat. Die Salpeter sind nicht hygroskopisch und geben im Brandfall Sauerstoff ab.

Die meisten **salzigen Holzschutzmittel** bewirken bei intensiver Tränkung ein späteres Entflammen, sind aber nicht als feuerhemmend eingestuft.

Die Behandlung von Holzbauteilen mit feuerhemmenden Anstrichen ist nur bei einigen Gebäudekategorien oder bei bestimmten Bedingungen zwingend. Im allgemeinen – auch bei Einfamilienhäusern – kann darauf verzichtet werden.
Den langfristigen Erhalt dieser Schutzschicht kann ein deckender Farbanstrich sichern.

9.6. Vorschriften

Die Vorschriften im bautechnischen Brandschutz kennen heute nur noch Fach-Spezialisten vollständig und vor allem deren Ausschöpfung für bestimmte Praxis-Fälle. Die wesentlichen Vorschriften, die auch den Holzbau betreffen, sollen nachfolgend genannt werden.

- **DIN 4102** – Brandverhalten von Baustoffen und Bauteilen

Für Holzbauteile wichtig:
Teil 2 – Bauteile
Teil 4 – Zusammenstellung und Anwendung klassifizierter Baustoffe, Bauteile und Sonderbauteile (Ausgabe 1993)

Diese Vorschrift enthält Tabellen für die Mindestquerschnitte von Balken und Stützen für verschiedene Feuerwiderstandsklassen. Diese Norm ist in allen Bundesländern als „anerkannte Regel der Technik" eingeführt.

- **Gesetz über die Bauordnung (Bau-O)**
- **Landesbauordnung**

der einzelnen Bundesländer mit Durchführungs-Verordnungen
Die Landesbauordnungen enthalten im allgemeinen keine Angaben zu Feuerwiderständen bestimmter Bauteile. Dies erfolgt häufig in Durchführungsbestimmungen. Wichtig für die Begrenzung des konstruktiven Einsatzes von Holzbauteilen sind unter anderem die Definitionen „Gebäude geringer Höhe" und Dachgeschosse.

„Wohngebäude geringer Höhe mit nicht mehr als 2 Wohnungen":
geringe Höhe = Fensterbrüstung oder Anleiterstelle, z. B. im Dach, nicht höher als 8 m.

Feuerwiderstand

– für Dachtragwerke	i. a.	F 0
– für tragende Wände, Decken, Stützen		
a) bei Gebäuden geringer Höhe		F 30
b) bei sonstigen Gebäuden		F 90
– Wohnungstrennwände,	i. a.	F 90
nur in obersten Dachgeschossen		F 30

Aber: Es gilt auch der sogenannte „Bestandsschutz". Jeder Altbau ist ein Einzelfall!

Mit verständnisvollen Fachkollegen der Bauaufsicht können bei der Altbausubstanz **bauwerksorientierte Brandschutznachweise** unter Einbeziehung der Sonderregelungen für Baudenkmale der Landesbauordnungen geführt werden, durch die auch Holzkonstruktionen vertretbar eingeordnet werden können [9.7.].

Holz ist brennbar; die großen Altholz-Querschnitte benötigen aber eine relativ lange Zeit bis zum Versagen der Konstruktion. Bautechnische sowie chemische Schutzmaßnahmen ermöglichen für die meisten Praxis-Fälle einen ausreichenden Feuerwiderstand.
Wesentlich ist, daß die Schutzziele erreicht werden. Und dafür gibt es fast immer mehrere Lösungen, die besonders im Altbau ausgeschöpft werden sollten.

10. Begriffe

Baumangel
Jeder Zustand an Bauwerken, der den Wert oder die Nutzbarkeit gegenüber dem geplanten bzw. üblichen Zustand mindert.
Ein Baumangel kann auf Planungsfehler, Ausführungsmängel oder Nutzungsfehler zurückgeführt werden.

Bauschaden
Erscheinungen an Bauwerken, die eine Veränderung der technischen Eigenschaften darstellen und dadurch den Wert oder die Nutzbarkeit im Vergleich zu seiner gewöhnlichen Beschaffenheit herabmindern. Beispiele sind Durchfeuchtungen, Strukturzerstörungen, Risse.
Der Bauschaden ist im Oberbegriff „Baumangel" enthalten.

Dendrochronologie
Altersbestimmung von Bäumen; in der Altbausubstanz die Feststellung der Wuchs- und möglichst der Fällzeit der verwendeten Konstruktionshölzer. Dies erfolgt am häufigsten durch Vergleich der Jahrringfolgen an Standard-Reihen, die aufgrund bereits ausgewerteter Proben vorliegen.

Holzkorrosion
Die von der Oberfläche ausgehende Schädigung bzw. Zerstörung des Holzes infolge chemischer bzw. chemisch-physikalischer Reaktion mit seiner Umgebung.

Instandsetzung
Eine Instandsetzung beinhaltet Maßnahmen der Wiederherstellung des zum bestimmungsmäßigen Gebrauch geeigneten Zustandes (Soll-Zustand). Diese Maßnahmen umfassen das Reparieren oder teilweise Austauschen schadhafter Bauteile, wobei die vorhandene Bausubstanz weitgehend erhalten bleibt.

Modernisierung
Eine Modernisierung beinhaltet Maßnahmen, die dem Gebäude eine neue, früher nicht vorhandene Qualität, verbunden mit einer nachhaltigen Erhöhung des Nutzungs- und Gebrauchswertes verleihen.

Rekonstruktion
Die Wiederherstellung oder der Wiederaufbau eines Gebäude-Teiles oder Bauteiles entsprechend der ursprünglichen Form und Art. Eine Rekonstruktion kann bis zu der Wiedererrichtung eines Bauwerkes nach historischem Vorbild gehen.

Sanierung
(= Heilung, Gesundung)
Der Begriff „Sanierung“ wird bezüglich seiner Abgrenzung auch in der Fachliteratur unterschiedlich aufgefaßt. Im allgemeinen umfaßt er alle bautechnischen Maßnahmen zur Wiederherstellung der Gebrauchsfähigkeit einer Baukonstruktion oder eines Bauwerkes. Die ersten Maßnahmen sind dabei die Beseitigung von Schäden und deren Ursachen.

11. Literaturverzeichnis

[1.1.] *Schauer, H. u. a.:* Fachwerkbauten in Mecklenburg-Vorpommern, Brandenburg, Sachsen-Anhalt, Thüringen, Sachsen. – Berlin, München: Verlag für Bauwesen. – 1992

[1.2.] *Bernert, K.:* Umgebindehäuser. – Berlin: Verlag für Bauwesen. – 1988

[1.3.] *Klöckner, K.:* Alte Fachwerkbauten. – München: Callwey-Verlag. – 1990

[1.4.] *Gerner, M.:* Fachwerk – Entwicklung, Gefüge, Instandsetzung. – Stuttgart: Deutsche Verlagsanstalt. – 1989

[1.5.] *Nill, R.:* Das Tragsystem alemannischer Fachwerkbauten. – in: bauen mit holz, Karlsruhe: 93 (1991) 4 S. 246–253

[2.1.] *Erler, K.; Knospe, D.:* Untersuchungen zu Festigkeiten alter Holzkonstruktionen. – Forschungsbericht G4 für die Bauakademie Berlin, Institut für Industriebau. – 1989

[2.2.] *Seemann, A.:* Durchführung von Versuchen zur Feststellung der Tragfähigkeit von eingebautem Bauholz. – Diplomarbeit an der HAB Weimar. – 1988

[2.3.] *Görlacher, R.; Hättich, R.:* Die Bohrwiderstandsmessung . – in: bauen mit holz, Karlsruhe: 92 (1990) 6 S. 455–459

[2.4.] *Petermann, H.:* Endoskopie bei der zerstörungsfreien Untersuchung von Holzbalkendecken. – in: Bauzeitung, Berlin: 27 (1973) H. 11 S. 592–594

[2.5.] *Erler, K.; Müller, K.:* Grundlagen für die Rekonstruktion von Holzkonstruktionen. – Forschungsbericht A2 für die Bauakademie Berlin, Institut für Industriebau. – 1983

[3.1.] *Grosser, D. u. a.:* Merkblatt 1-2-91 des WTA für Denkmalpflege und Bauwerksanierung. – veröffentlicht in: Bautenschutz – Bausanierung, Köln: 14 (1991) 4 S. 45–62

[3.2.] *Grosser, D.:* Pflanzliche und tierische Bau- und Werkholz-Schädlinge. – Leinfelden: DRW-Verlag Weinbrenner. – 1985

[3.3.] *Frech, P.:* Beurteilungskriterien für Rißbildungen bei Bauholz im konstruktiven Holzbau. – in: bauen mit holz, Karlsruhe: 89 (1987) S. 582–585

[3.4.] *Erler, K.; Knospe, D.:* Untersuchungen zu Festigkeiten und Anpassungsfaktoren alter Holzkonstruktionen. – Forschungsbericht G3 TH Wismar 1988. – Forschungsbericht G4 TH Wismar 1989. – für Bauakademie Berlin, Institut für Industriebau.

[3.5.] *Erler, K.:* Korrosion und Anpassungsfaktoren für chemisch aggressive Medien bei Holzkonstruktionen. – in: Holztechnologie, Leipzig: 30 (1990) 5 S. 228–232

[3.6.] *Ehlbeck, J.; Görlacher, R.:* Zur Problematik bei der Beurteilung der Tragfähigkeit von altem Konstruktionsholz. – in: bauen mit holz, Karlsruhe: 92 (1990) 2 S. 117–120

[4.1.] *Heimeshoff, B.* u.a.: Zimmermannsmäßige Holzverbindungen. – Reihe Informationsdienst Holz. Bericht der Arbeitsgemeinschaft Holz, Düsseldorf: 1988

[4.2.] *Mönck, W.:* Holzbau. – Berlin, München: Verlag für Bauwesen. 11. Auflage. – 1993

[4.3.] *Görlacher, R.; Kromer, M.:* Tragfähigkeit von Versatzanschlüssen in historischen Holzkonstruktionen. – in: bauen mit holz, Karlsruhe: 93 (1991) H. 3 S. 164–169

[4.4.] *Göggel, M.:* Bemessung im Holzbau. – Band 2 – Verbindungen, Wiesbaden/Berlin: Bauverlag. – 1989

[4.5.] Holzverbindungen. – in: Holzbau, Zürich: 45 (1980) 2 S. 49–51

[4.6.] *Ehlbeck, J.; Hättich, R.:* Tragfähigkeit und Verformungsverhalten von ein- und zweischnittig beanspruchten Holznägeln. – in: Erhalten historisch bedeutsamer Bauwerke, SFB 315, Jahrbuch 1988; Verlag Ernst und Sohn. – S. 281–298

[4.7.] *Kessel, M.; Augustin, R.:* Untersuchungen über das Tragverhalten von Verbindungen mit Eichenholznägeln. – in: bauen mit holz, Karlsruhe: 92 (1990) 4 S. 246–250

[5.1.] *Ahnert, R.; Krause, K. H.:* Typische Baukonstruktionen von 1860 bis 1960. – Teil 1. – Berlin, München: Verlag für Bauwesen. – 1991

[5.2.] *o. V.:* Zulassungen für das Beta-Verfahren:
a) Zulassung des Institutes für Bautechnik Berlin, Z-10.7.2-41 „Bauart zur Sanierung schadhafter Holzbauteile"
b) Zulassung 199/88 der Bauaufsicht Berlin „Verfahren zur Instandsetzung geschädigter Holzbauteile mit Polyesterharzbeton"

[5.3.] *Paul, O.:* Neue Sanierungsmethode für schadhafte Deckenbalkenköpfe. – in: bauen mit holz, Karlsruhe: 81 (1979) 8 S. 401–403

[5.4.] *Erler, K.:* Polyesterharzbeton für die Sanierung von tragenden Holzkonstruktionen. – in: Bauzeitung, Berlin: Teil 1 44 (1990) 2 S. 81—84, Teil 2 44 (1990) 4 S. 171–174

[5.5.] *Prehl, H.:* Die genauere Berechnung der durch Stahl verstärkten Holzquerschnitte. – in: Die Bautechnik, Berlin: 1966 H. 4 S. 129–135

[5.6.] *Erler, K.:* Versuchsergebnisse mit Verbundträgern aus Holz und Polymerbeton. – in: Bauzeitung, Berlin: 45 (1991) H. 2 S. 104–105

[5.7.] *Brieger, J.; Weigel, U.:* Untersuchungen zum Trag- und Verformungsverhalten schub- und biegebeanspruchter Verbundbauteile aus Holz und Polymerbeton. – Technische Hochschule Wismar, Diplomarbeit. – 1991.

[5.8.] *Godycki, T.; Pawlica, J.; Kleszczewski, J.:* Verbunddecke aus Holzrippen und Betonplatte. – in: Bauingenieur, Berlin: 59 (1984) S. 477–483

[5.9.] *Natterer, J.:* Verbundkonstruktionen im Holzbau. – Vortragstext auf 14. Dreiländer-Holztagung, Interlaken: Sept. 1990.

[5.10] *Werner, H.:* Holz-Beton-Verbunddecke mit einer neuartigen Fugenausbildung. – in: bauen mit holz, Karlsruhe: 94 (1992) 4 S. 312–324

[5.11.] *Küng, R.:* Leichtbeton im Verbund mit Holz – eine Sanierungsmethode zur Verstärkung alter Holzdecken. – in: Zement und Beton, Wien: 33 (1988) 1 S. 22–24

[5.12.] *Erler, K.:* Verbundträger aus Holz und Polymerbeton. – Forschungsbericht/Thema 27D bei der Deutschen Gesellschaft für Holzforschung (DGfH) München, Juni 1993; Förderung durch die Arbeitsgemeinschaft industrieller Forschungsvereinigungen (AIF) Köln

[6.1.] *Halasz, R.; Scheer, C.:* Holzbau-Taschenbuch. Bd. 1. – Berlin, Ernst & Sohn, 8. Auflage, 1986

[6.2.] *Schulze, H.:* Hausdächer in Holzbauart. – Düssseldorf: Werner-Verlag. – 1987

[6.3.] *Erler, K.:* Bauzustandsanalyse, Instandsetzung und Erhöhung der Tragfähigkeit von Holzkonstruktionen. – KDT-Richtlinie, Berlin. – 1985

[6.4.] *Mönck, W.:* Schäden an Holzkonstruktionen. – Berlin: Verlag für Bauwesen. – 1987

[6.5.] *Kessel, H.:* Holzbalken mit Flachstahlverstärkung. – in: Bauzeitung, Berlin: 42 (1988) H. 3 S. 131–132 sowie H. 10 S. 469

[7.1.] *Bresch, C.-M.:* Wärmedämmung in Fachwerkwänden. – in: Bauzeitung, Berlin: 46 (1992) H. 1 S. 34–35

[7.2.] *Leimer, H.-P.:* Sanierung historischer Fachwerkgebäude. – in: bauen mit holz, Karlsruhe: 94 (1992) H. 3 S. 202–208

[7.3.] *Gerner, M.:* Fachwerksünden. – Deutsches Nationalkomitee für Denkmalschutz, Bonn: 1989 – Band 27

[8.1.] *o. V.:* WTA-Merkblatt 1-1-87. Das Heißluftverfahren zur Bekämpfung tierischer Holzzerstörer in Bauwerken. – Wissenschaftlich-technischer Arbeitskreis für Denkmalpflege und Bauwerksanierung. Geschäftsstelle: Ahornstraße 5, 82065 Baierbrunn

[8.2.] *Rafalski, H.-J.; Biering, B.:* Holzschutz-Beschäumverfahren. – Leipziger Gesellschaft für Bausanierung, 1990.

[8.3.] *o. V.:* Holzschutzmittelverzeichnis des Institutes für Bautechnik Berlin. – Berlin: Erich-Schmidt-Verlag. Erscheint im August jeden Jahres.

[8.4.] *Weissenfeld, P.:* Holzschutz ohne Gift? Staufen: Ökobuch-Verlag. – 1988

[9.1.] *Haksever, A.:* Brandverhalten von brettschichtverleimten Holzstützen und Holzbalken. – in: Bauingenieur, Berlin: 57 (1982) S. 19–26

[9.2.] *Kordina, K.; Meyer-Ottens, C.:* Holz-Brandschutz-Handbuch. – Deutsche Gesellschaft für Holzforschung, München. – 1983 und 1993

[9.3.] *Kordina, K.; Meyer-Ottens, C.:* Feuerhemmende Holzbauteile. – Informationsdienst Holz. Bericht der EG Holzbau, DGfH: München. – 1988

[9.4.] *Timpe, M.:* Feuerwiderstand und Brandschutz von Holzkonstruktionen. – Technische Hochschule Wismar, Diplomarbeit am LG Holz- und Plastbau, 1990

[9.5.] *Scheer, C.; Knauf, T.; Meyer-Ottens, C.:* Rechnerische Brandschutzbemessung unbekleideter Holzbauteile. – in: Bautechnik, Berlin: 69 (1992) H. 4 oder als Sonderdruck des Informationsdienst Holz der DGfH

[9.6.] *Michailow, K.:* Brandschutzbeschichtungen für Holz, Kabel und Stahl. – in: Bauzeitung, Berlin: 46 (1992) H. 3 S. 224–227

[9.7.] *Wesche, J.:* Brandschutz bei der Sanierung bestehender Bausubstanz. – in: Bauzeitung, Berlin: 45 (1991) H. 9 S. 635–639

12. Sachwörterverzeichnis